幼稚園數學

看圖學加減法②

何秋光　著

新雅文化事業有限公司
www.sunya.com.hk

系列簡介

本系列是何秋光從業 40 餘年教學成果的結晶，是專為 4 至 6 歲兒童研發的一套以加減法為切入點的數學遊戲益智類圖書。為了激發兒童對學習數學加減運算的興趣，本系列圖書從他們熟悉和喜歡的生活，以及小動物之間的情景出發，來表述數量之間的關係。這種賦加減數量於情景之中的應用題，可以喚起他們頭腦中有關加減情景的表象，符合學前兒童思維具體形象性的特點。

本系列把抽象的數位和符號具體化、形象化、兒童化、遊戲化，有益於兒童加深對數學概念的理解，提高其觀察力、判斷能力、推理能力、記憶力、空間知覺、概括能力、想像力、創造力等 8 大能力，同時也能為將來小學數學的學習打下堅實的基礎。

作者簡介

何秋光是中國著名幼兒數學教育專家、「兒童數學思維訓練」課程的創始人，北京師範大學實驗幼稚園專家。從業 40 餘年，是中國具豐富的兒童數學教學實踐經驗的學前教育專家。自 2000 年至今，由何秋光在北京師範大學實驗幼稚園創立的數學特色課「兒童數學思維訓練」一直深受廣大兒童、家長及學前教育工作者的喜愛。

四冊學習大綱

學習範疇 \ 冊次	幼稚園數學 看圖學加減法 1 (4－5歲)	幼稚園數學 看圖學加減法 2 (4－5歲)
比較	• 多少、長短、高矮和次序的比較	—
加法運算	• 5以內加法運算 • 10以內加法運算	• 10以內連加運算
減法運算	• 5以內減法運算 • 10以內減法運算	• 10以內連減運算
加減法運算	• 5以內加減法運算 • 10以內加減法運算	• 10以內加減混合運算

學習範疇 \ 冊次	幼稚園數學 看圖學加減法 3 (5－6歲)	幼稚園數學 看圖學加減法 4 (5－6歲)
比較	—	—
加法運算	• 看圖學20以內加法運算	• 看圖學20以內連加運算
減法運算	• 看圖學20以內減法運算	• 看圖學20以內連減運算
加減法運算	• 看圖學20以內加減法運算	• 看圖學20以內加減混合運算

目錄

看圖學10以內連加運算

練習 1

▶請你看圖玩遊戲，在相應的格子裏寫出連加算式。

► 請你看圖玩遊戲，在相應的格子裏寫出連加算式。

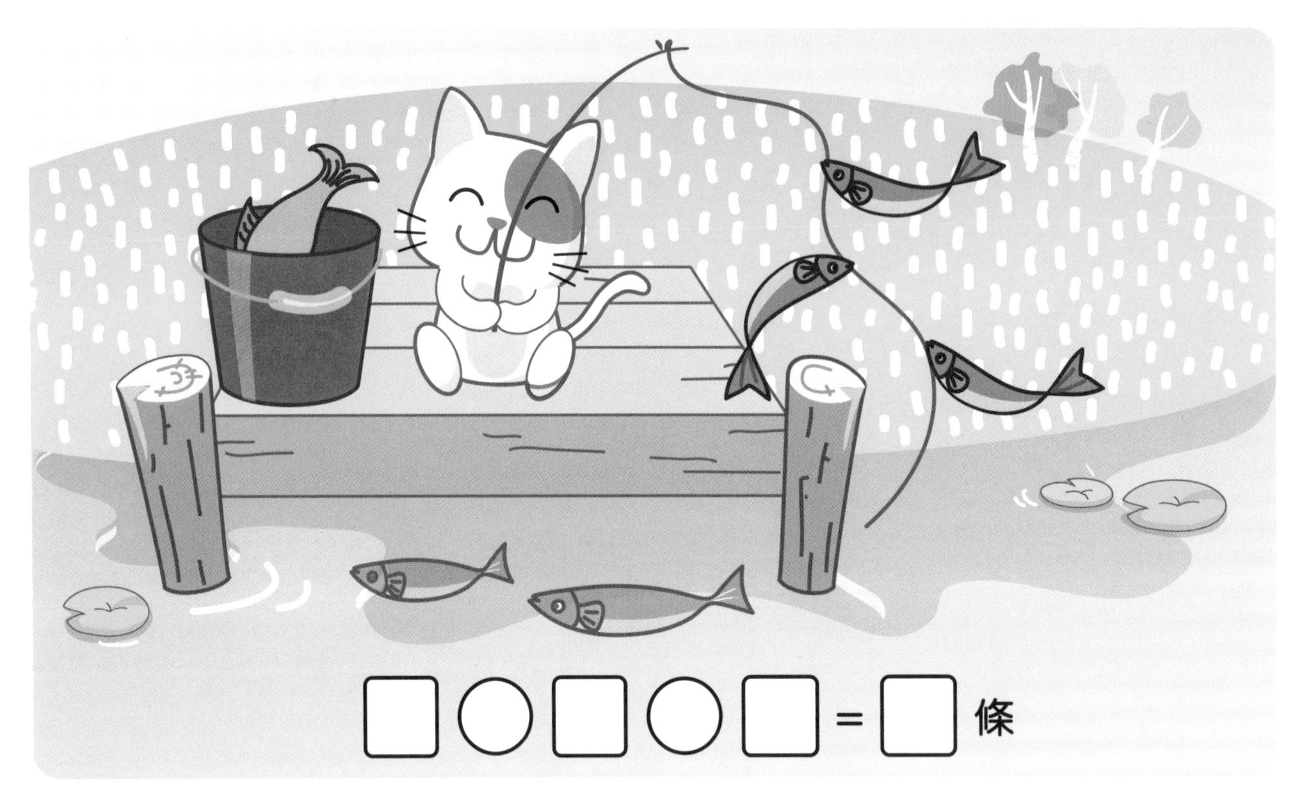

▶ 請你看圖玩遊戲，在相應的格子裏寫出連加算式。

▶ 請你看圖玩遊戲，在相應的格子裏寫出連加算式。

▶請你看圖玩遊戲，在相應的格子裏寫出連加算式。

▶ 請你看圖玩遊戲，在相應的格子裏寫出連加算式。

▶請你看圖玩遊戲，在相應的格子裏寫出連加算式。

▶ **請你看圖玩遊戲，在相應的格子裏寫出連加算式。**

▶請你看圖玩遊戲，在相應的格子裏寫出連加算式。

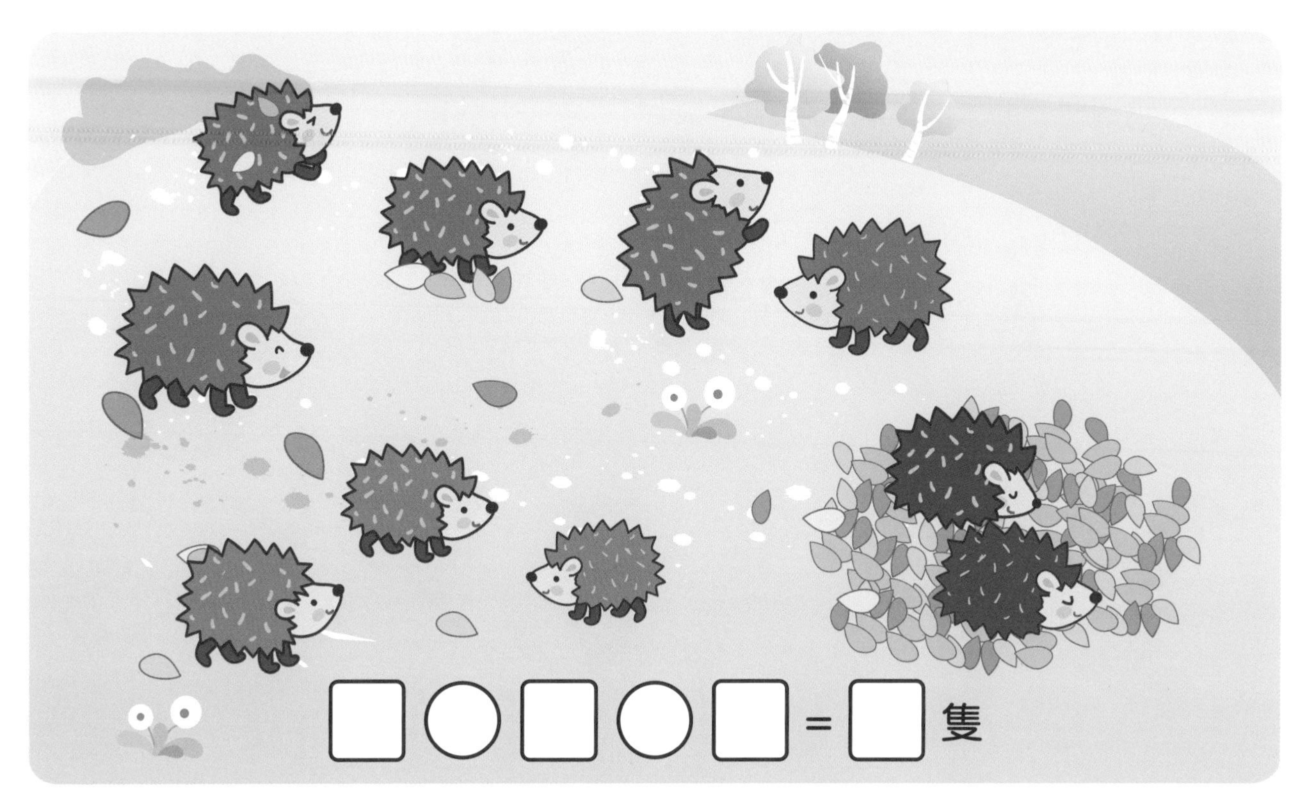

▶ 請你看圖玩遊戲，在相應的格子裏寫出連加算式。

▶ 請你看圖玩遊戲，在相應的格子裏寫出連加算式。

□ ○ □ ○ □ = □ 個

□ ○ □ ○ □ = □ 個

▶請你看圖玩遊戲，在相應的格子裏寫出連加算式。

▶ 請你看圖玩遊戲，在相應的格子裏寫出連加算式。

□ ○ □ ○ □ = □ 個

□ ○ □ ○ □ = □ 條

▶請你看圖玩遊戲，在相應的格子裏寫出3道連加算式。

▶請你看圖玩遊戲，在相應的格子裏寫出3道連加算式。

方法一 □ ○ □ ○ □ = □ 隻

方法二 □ ○ □ ○ □ = □ 隻

方法三 □ ○ □ ○ □ = □ 隻

▶請你看圖玩遊戲，在相應的格子裏寫出3道連加算式。

▶請你看圖玩遊戲，在相應的格子裏寫出3道連加算式。

方法一 □ ○ □ ○ □ = □ 隻

方法二 □ ○ □ ○ □ = □ 隻

方法三 □ ○ □ ○ □ = □ 隻

看圖學10以內連加運算 練習18

▶請你看圖玩遊戲，在相應的格子裏寫出3道連加算式。

▶ 請你看圖玩遊戲，在相應的格子裏寫出3道連加算式。

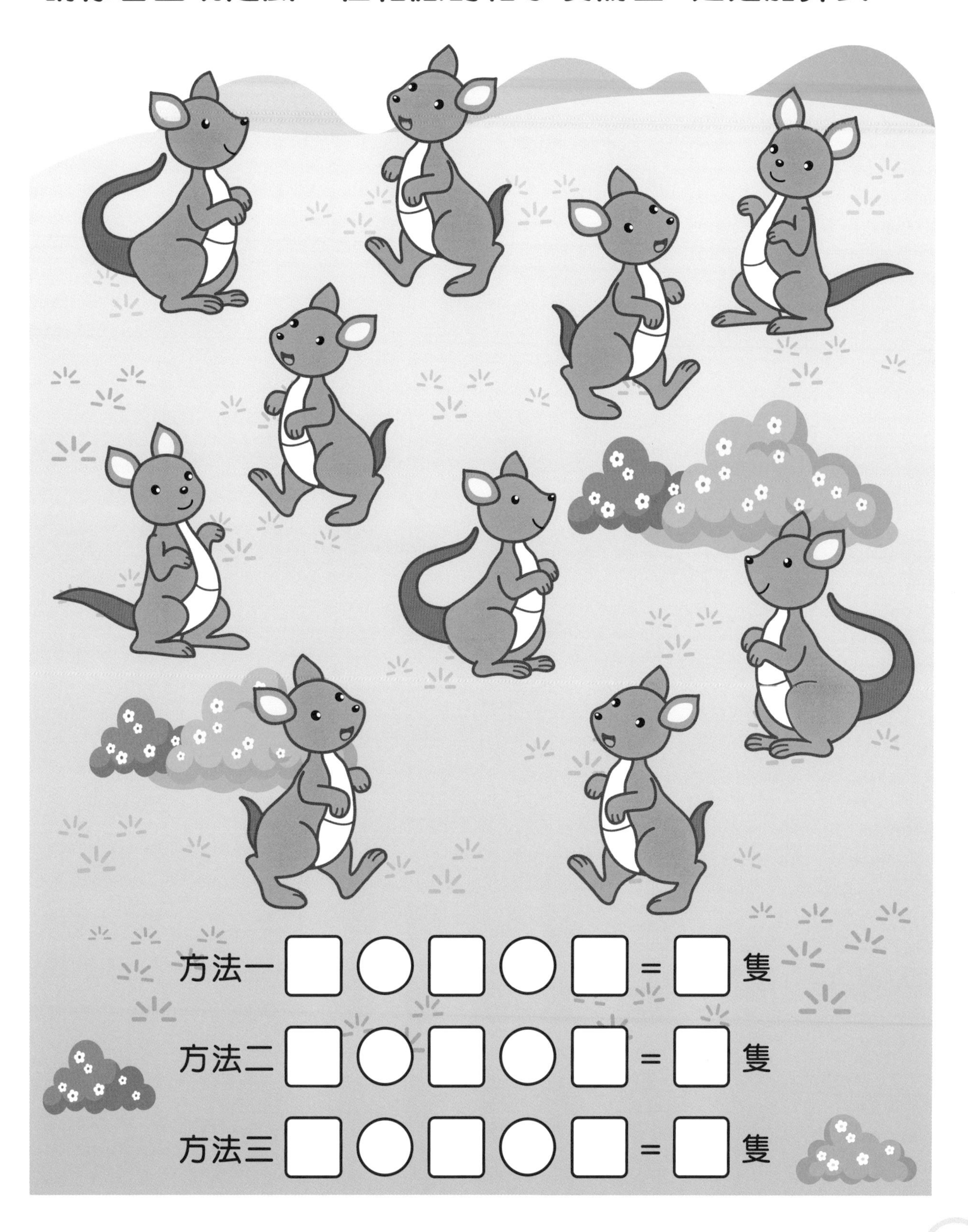

▶ **請你看圖玩遊戲，在相應的格子裏寫出3道連加算式。**

▶ **請你看圖玩遊戲，在相應的格子裏寫出3道連加算式。**

方法一 □ ○ □ ○ □ = □ 隻

方法二 □ ○ □ ○ □ = □ 隻

方法三 □ ○ □ ○ □ = □ 隻

看圖學10以內連加運算 練習22

▶ 請你看圖玩遊戲，在相應的格子裏寫出3道連加算式。

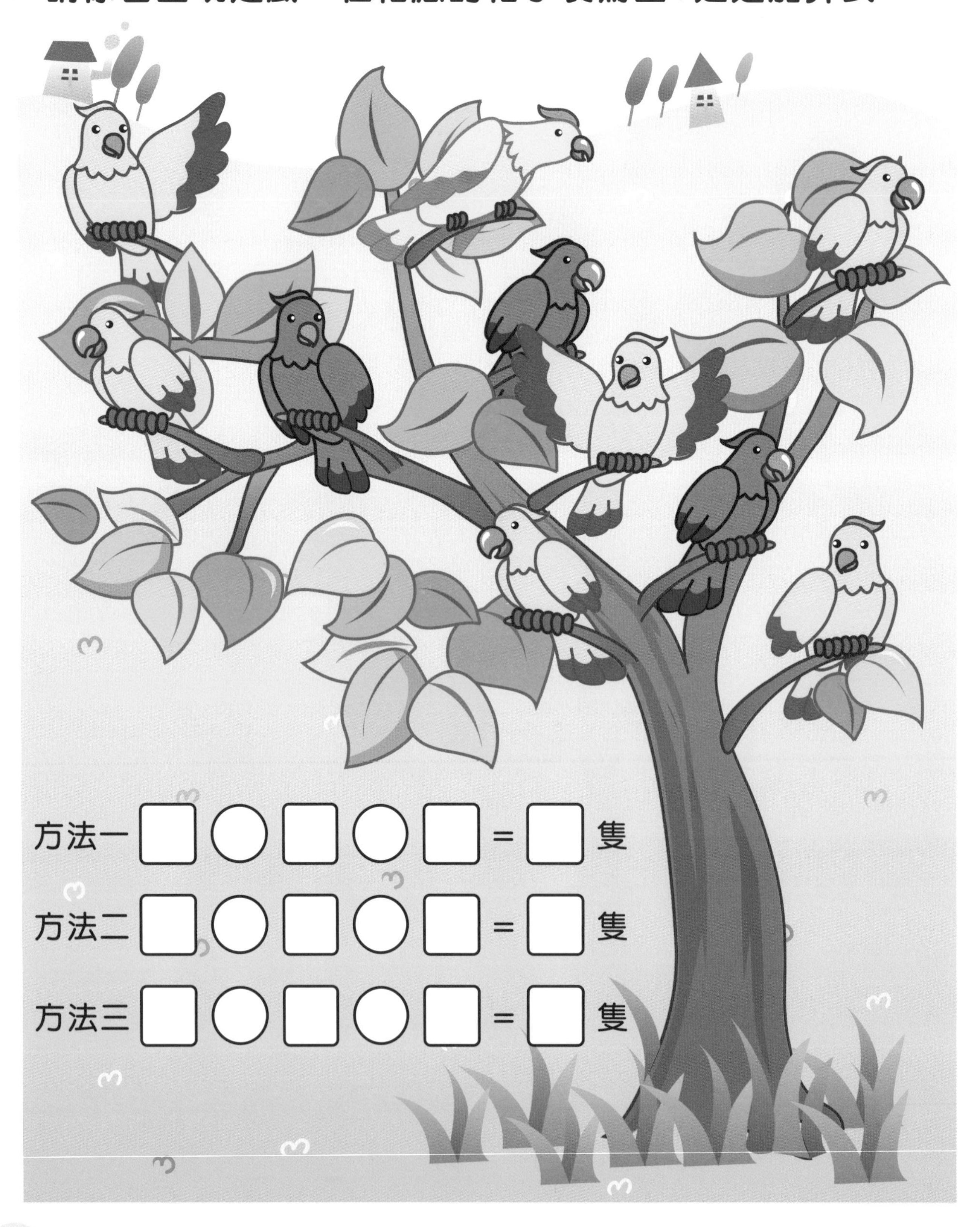

方法一 □ ○ □ ○ □ = □ 隻

方法二 □ ○ □ ○ □ = □ 隻

方法三 □ ○ □ ○ □ = □ 隻

▶請你看圖玩遊戲，在相應的格子裏寫出3道連加算式。

方法一 □ ○ □ ○ □ = □ 隻

方法二 □ ○ □ ○ □ = □ 隻

方法三 □ ○ □ ○ □ = □ 隻

▶ 請你看圖玩遊戲，在相應的格子裏寫出3道連加算式。

▶ 請你看圖玩遊戲，在相應的格子裏寫出3道連加算式。

看圖學10以內連加運算 練習26

▶ **請你看圖繪畫，並在相應的格子裏寫出算式。**

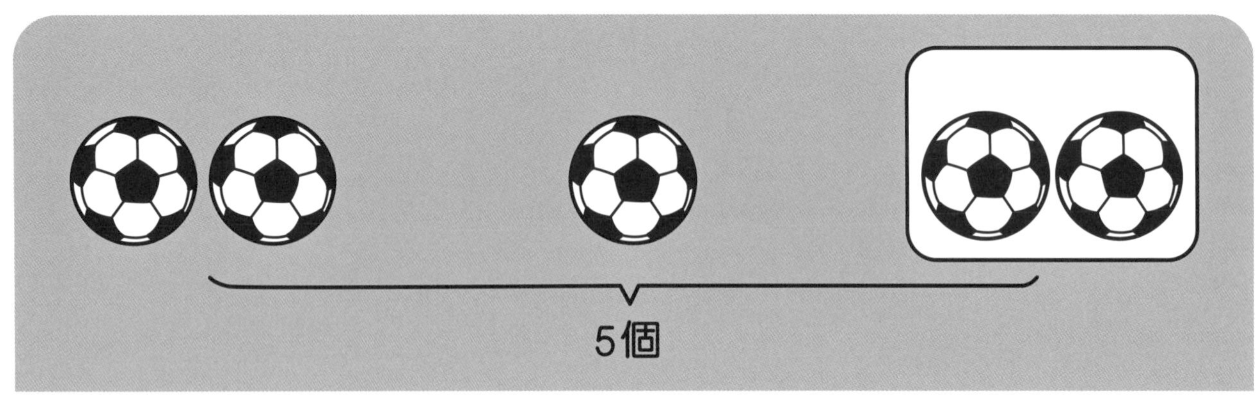

2 + 1 + 2 = 5 個

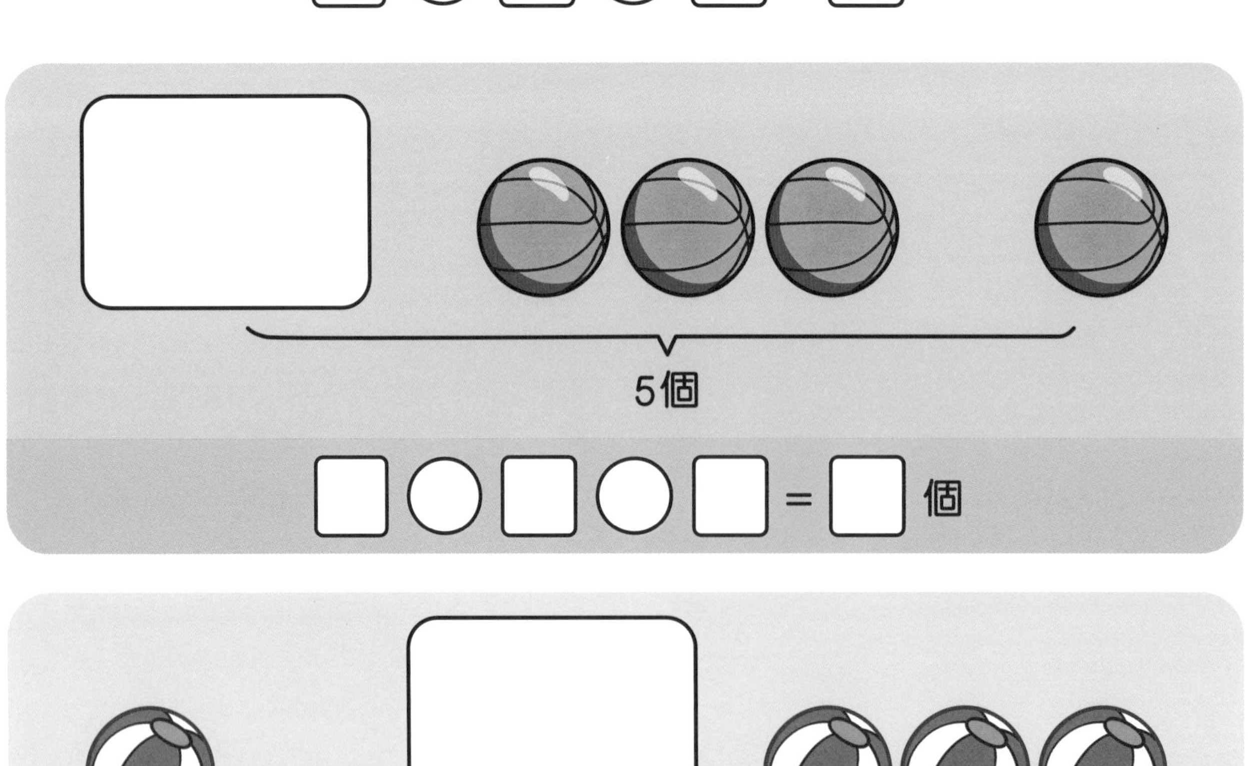

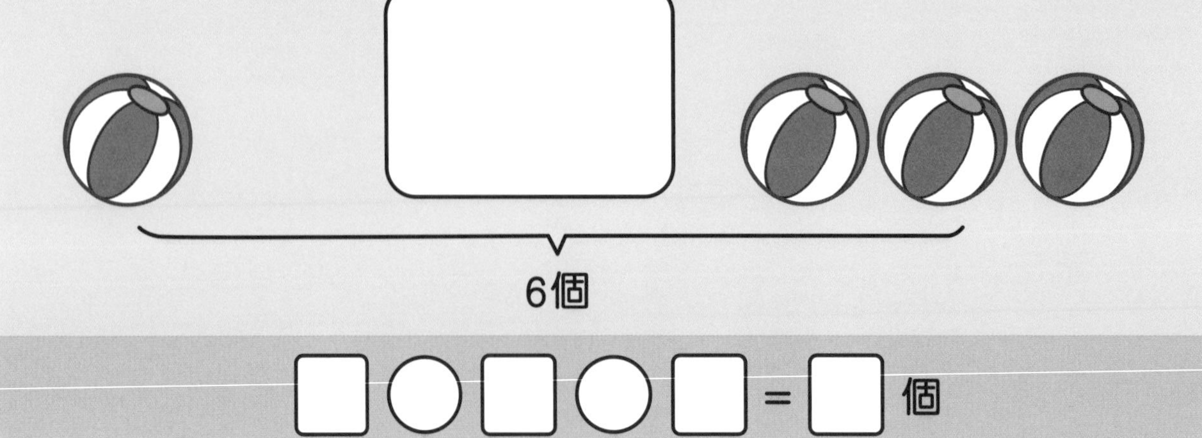

▶ 請你看圖繪畫，並在相應的格子裏寫出算式。

7枝

□ ○ □ ○ □ = □ 枝

7塊

□ ○ □ ○ □ = □ 塊

8把

□ ○ □ ○ □ = □ 把

看圖學10以內連加運算 練習28

▶請你看圖繪畫，並在相應的格子裏寫出算式。

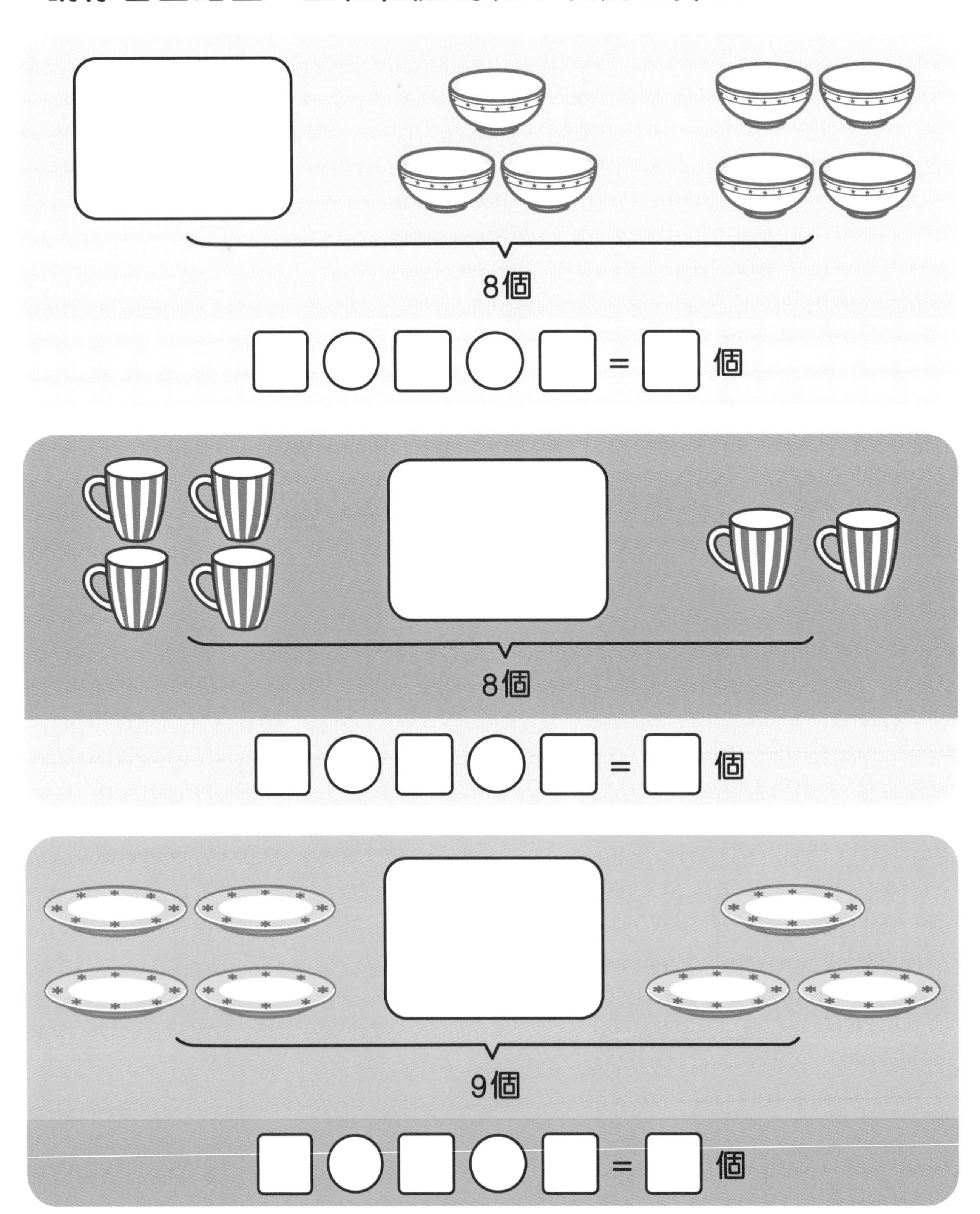

▶ 請你看圖繪畫，並在相應的格子裏寫出算式。

9個

□ ○ □ ○ □ = □ 個

10個

□ ○ □ ○ □ = □ 個

9個

□ ○ □ ○ □ = □ 個

▶請你看圖繪畫，並在相應的格子裏寫出算式。

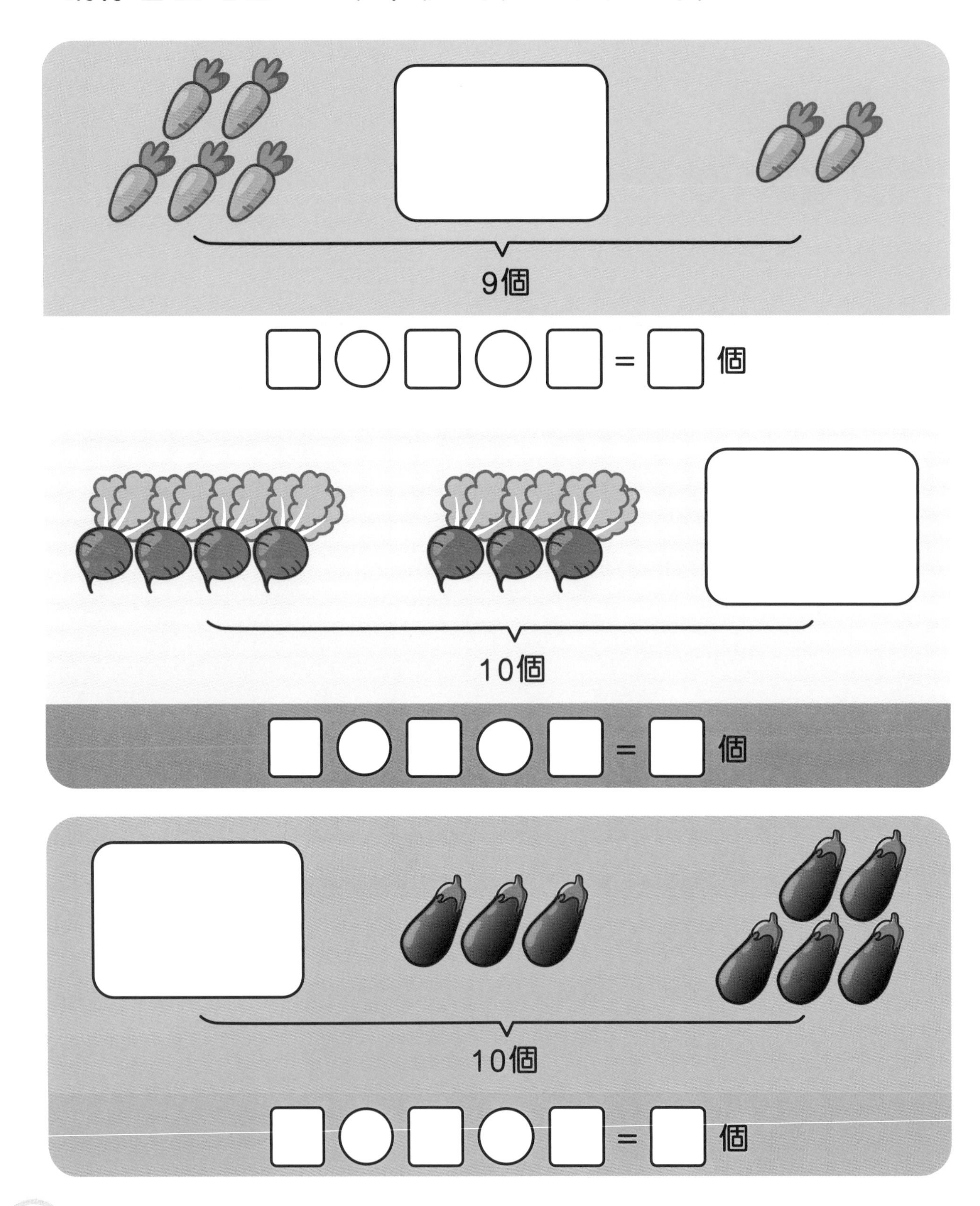

▶ 請你看圖列算式。

2 + 4 + 4 = 10 隻

□ ○ □ ○ □ = □ 隻

▶請你看圖列算式。

□○□○□＝□隻

□○□○□＝□隻

▶ 請你看圖列算式。

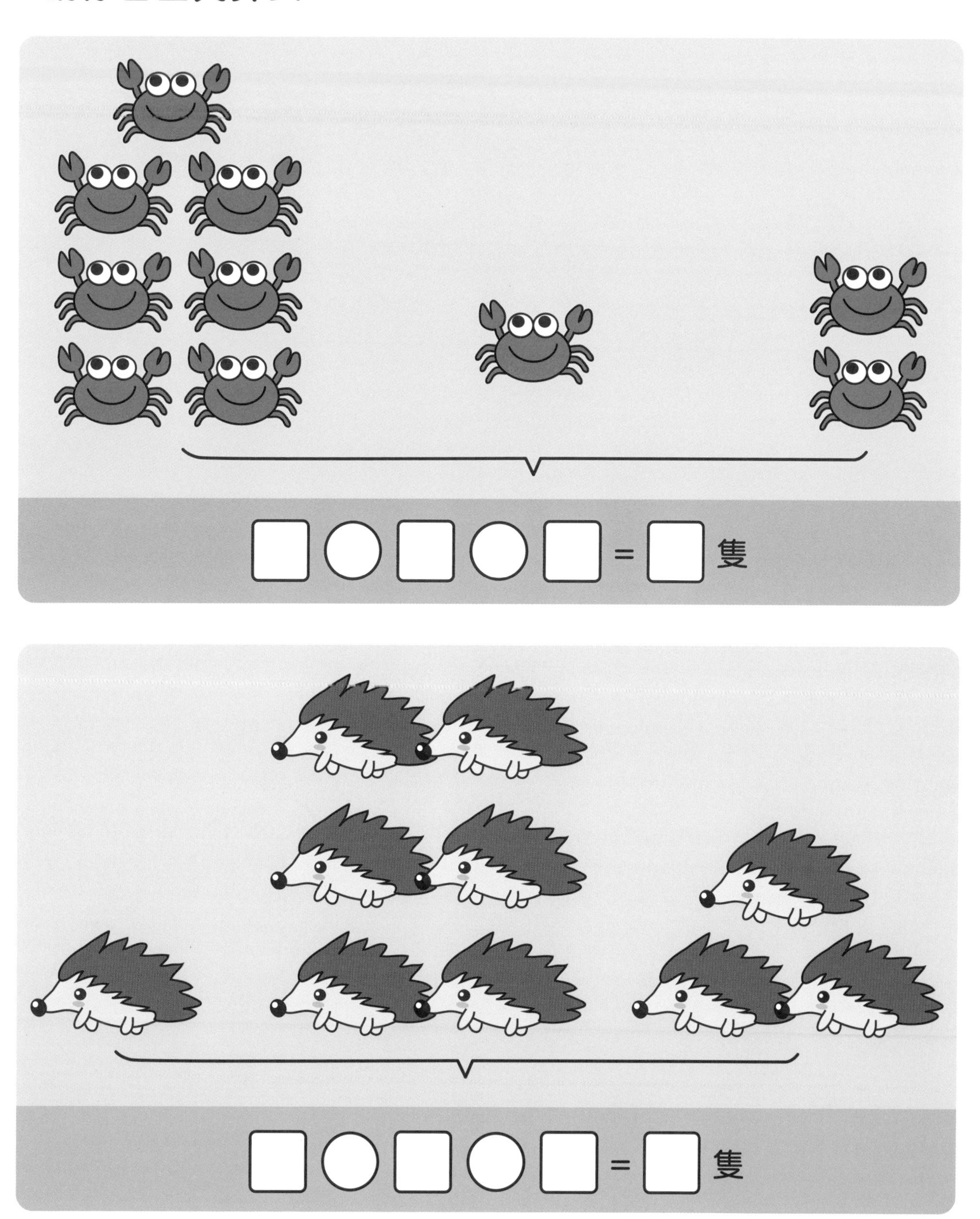

▶請你看圖列算式。

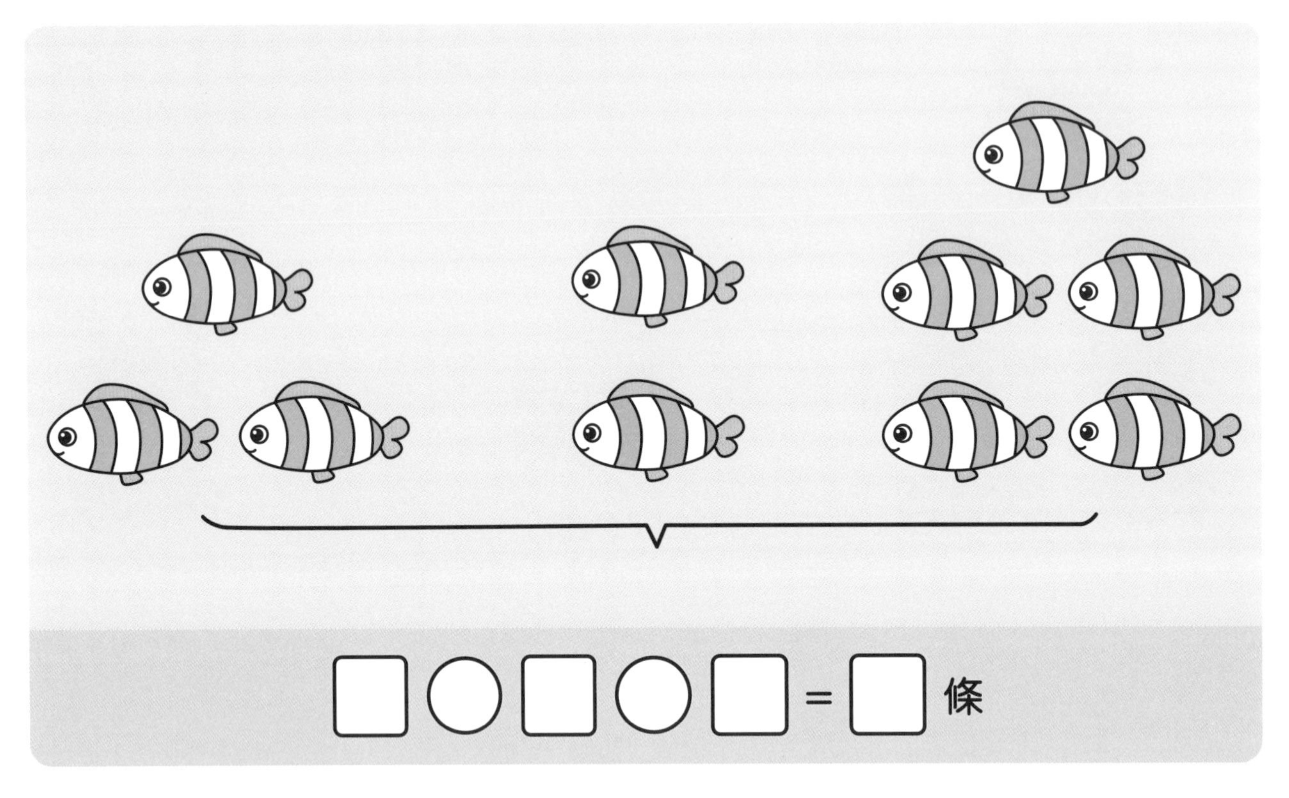

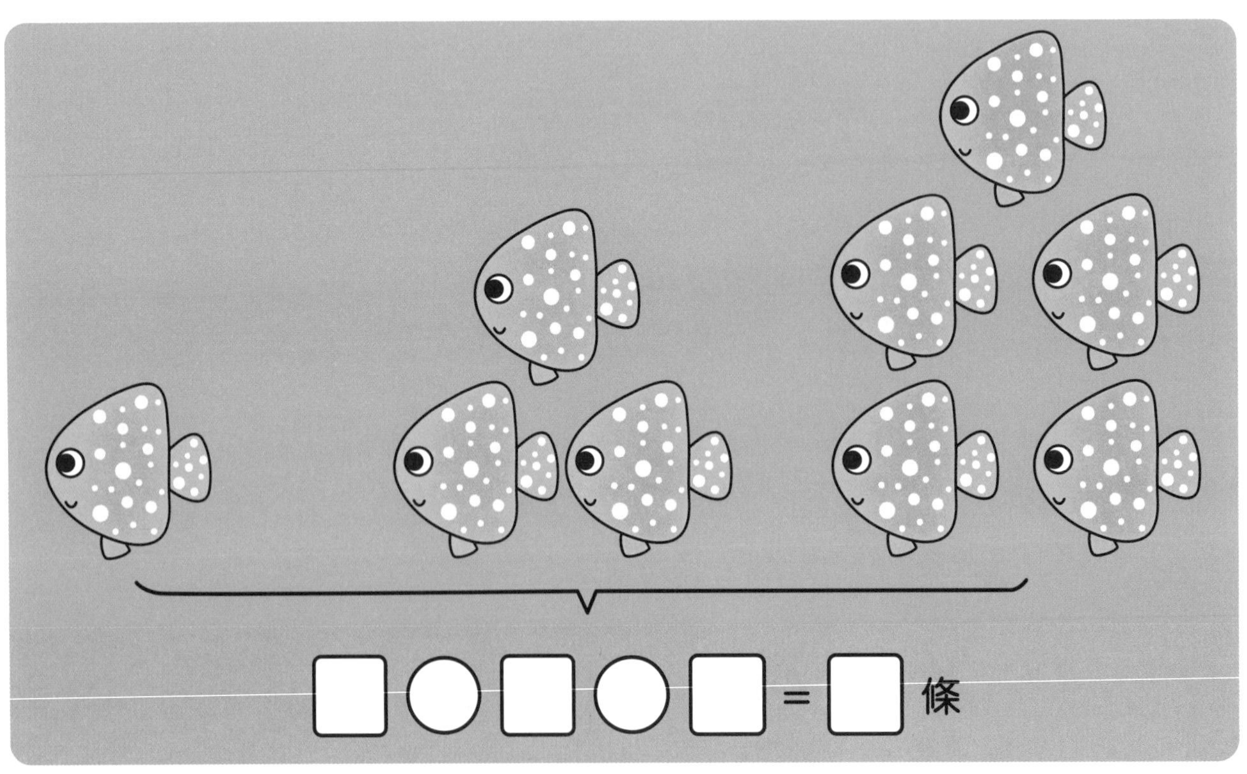

▶請你看圖玩遊戲，在相應的格子裏寫出連加算式。

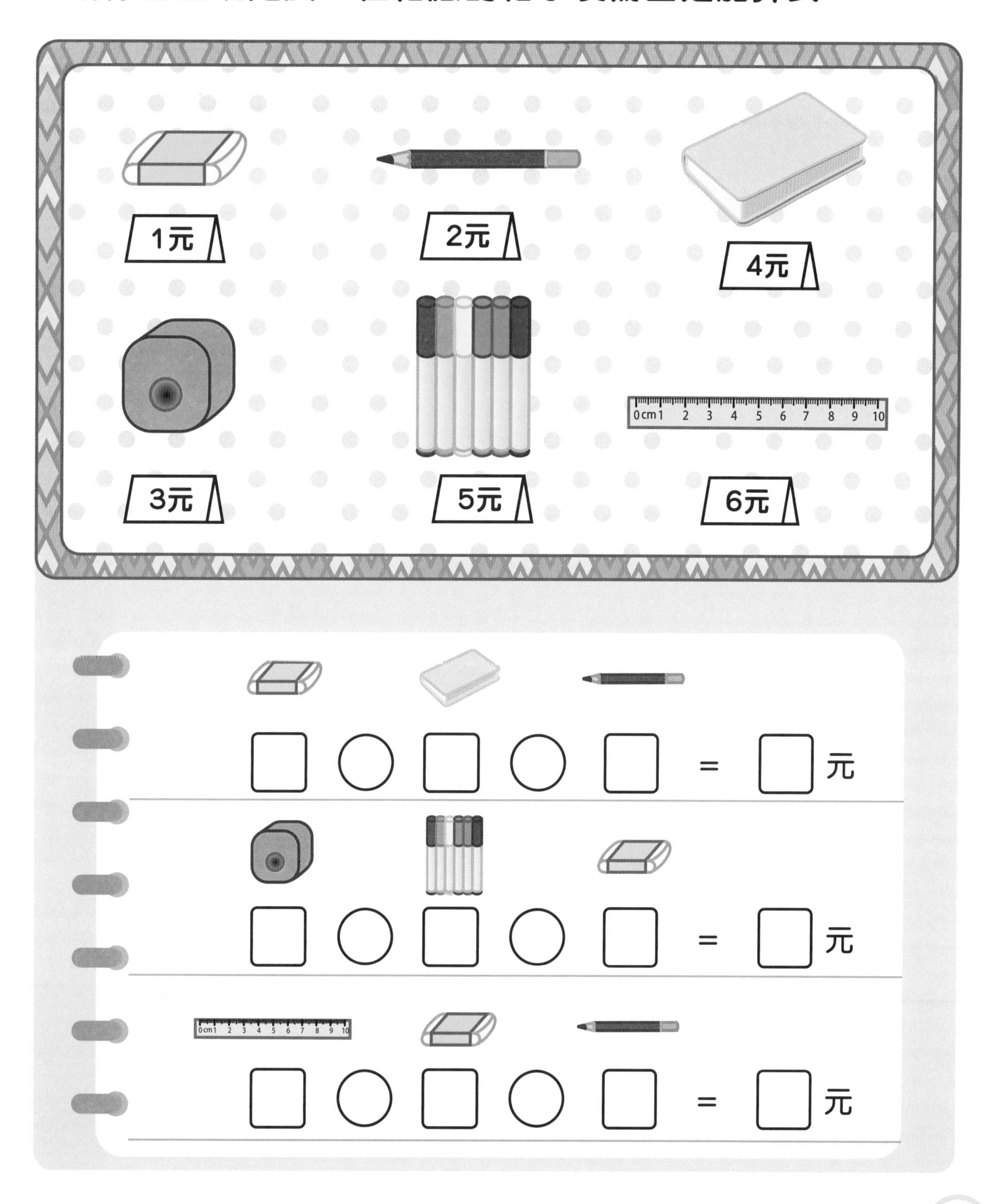

► 請你看圖玩遊戲，在相應的格子裏寫出連加算式。

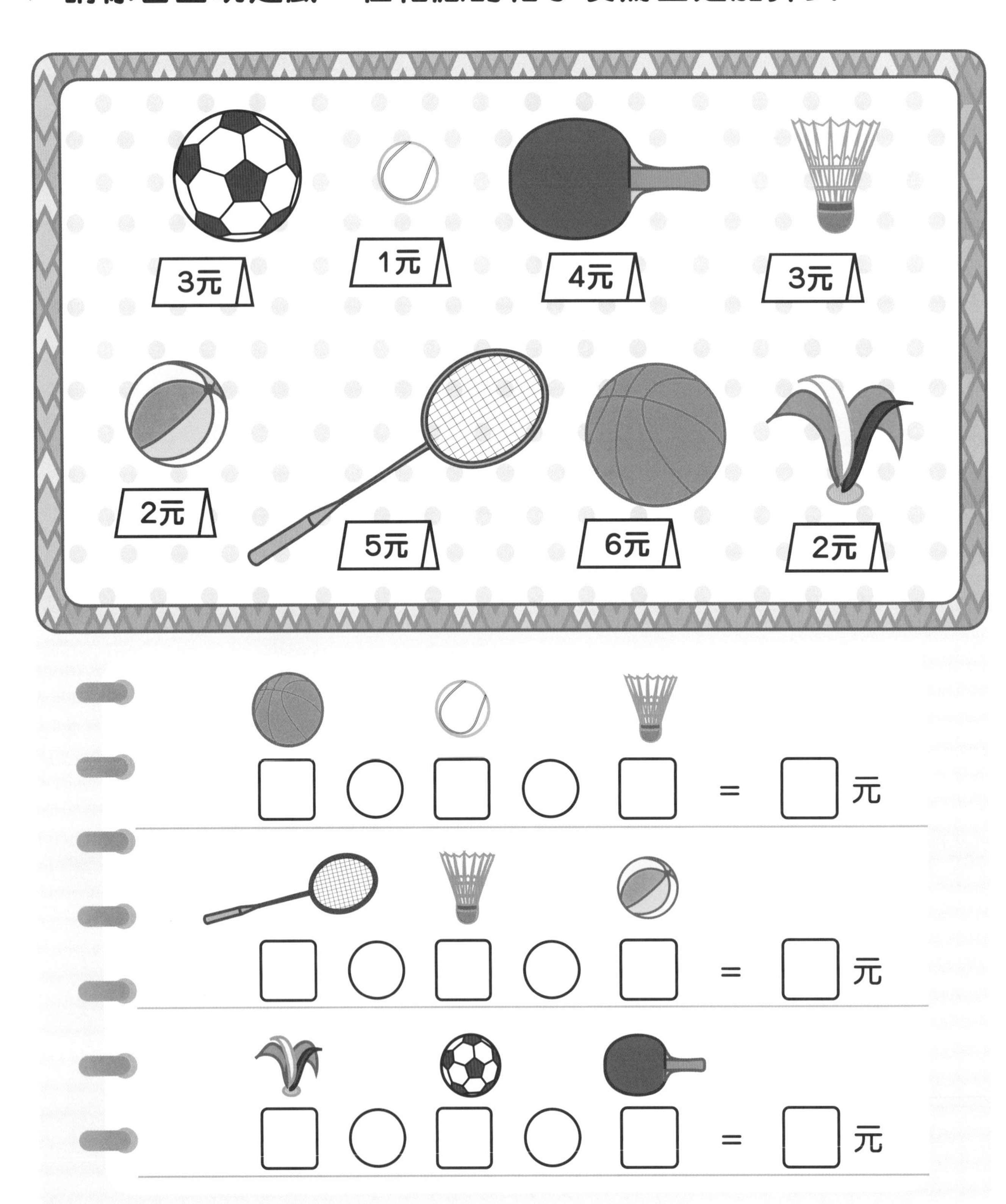

看圖學10以內連減運算

練習37

▶ **請你看圖玩遊戲，在相應的格子裏寫出連減算式。**

看圖學10以內連減運算 練習38

▶請你看圖玩遊戲，在相應的格子裏寫出連減算式。

▶請你看圖玩遊戲，在相應的格子裏寫出連減算式。

□ ○ □ ○ □ = □ 個

□ ○ □ ○ □ = □ 個

▶請你看圖玩遊戲，在相應的格子裏寫出連減算式。

▶請你看圖玩遊戲，在相應的格子裏寫出連減算式。

► 請你看圖玩遊戲，在相應的格子裏寫出連減算式。

▶ 請你看圖玩遊戲，在相應的格子裏寫出連減算式。

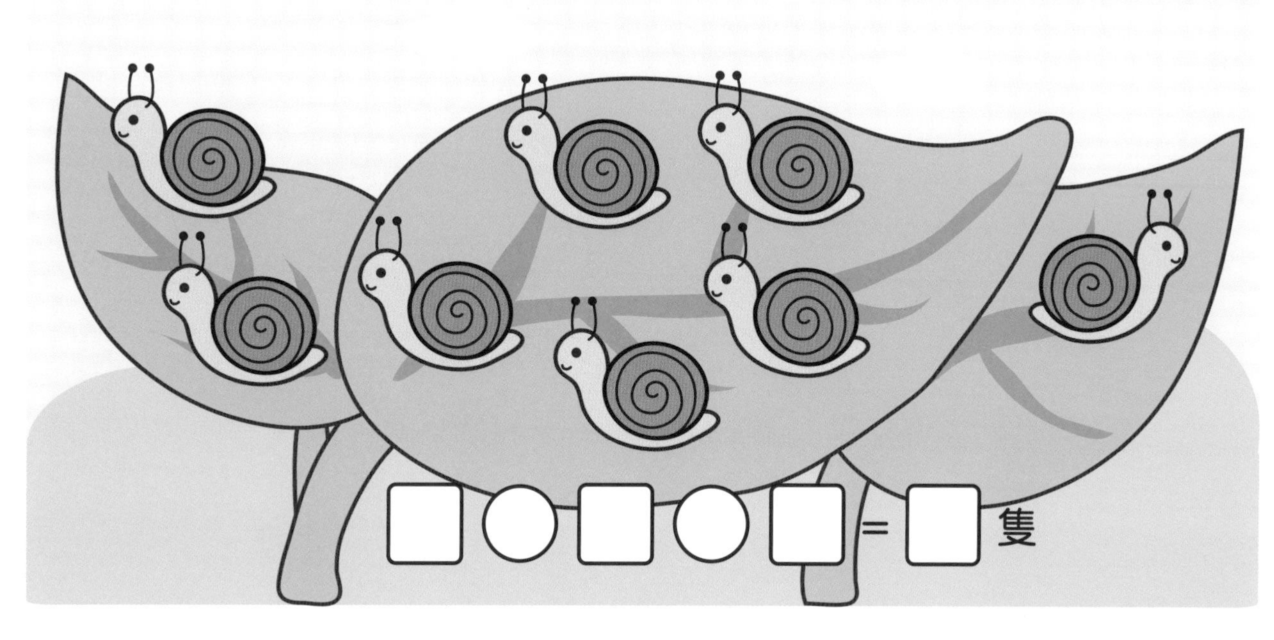

▶請你看圖玩遊戲，在相應的格子裏寫出連減算式。

▶ 請你看圖玩遊戲，在相應的格子裏寫出連減算式。

▶ 請你看圖玩遊戲，在相應的格子裏寫出連減算式。

▶ 請你看圖玩遊戲，在相應的格子裏寫出連減算式。

□ ○ □ ○ □ ＝ □ 隻

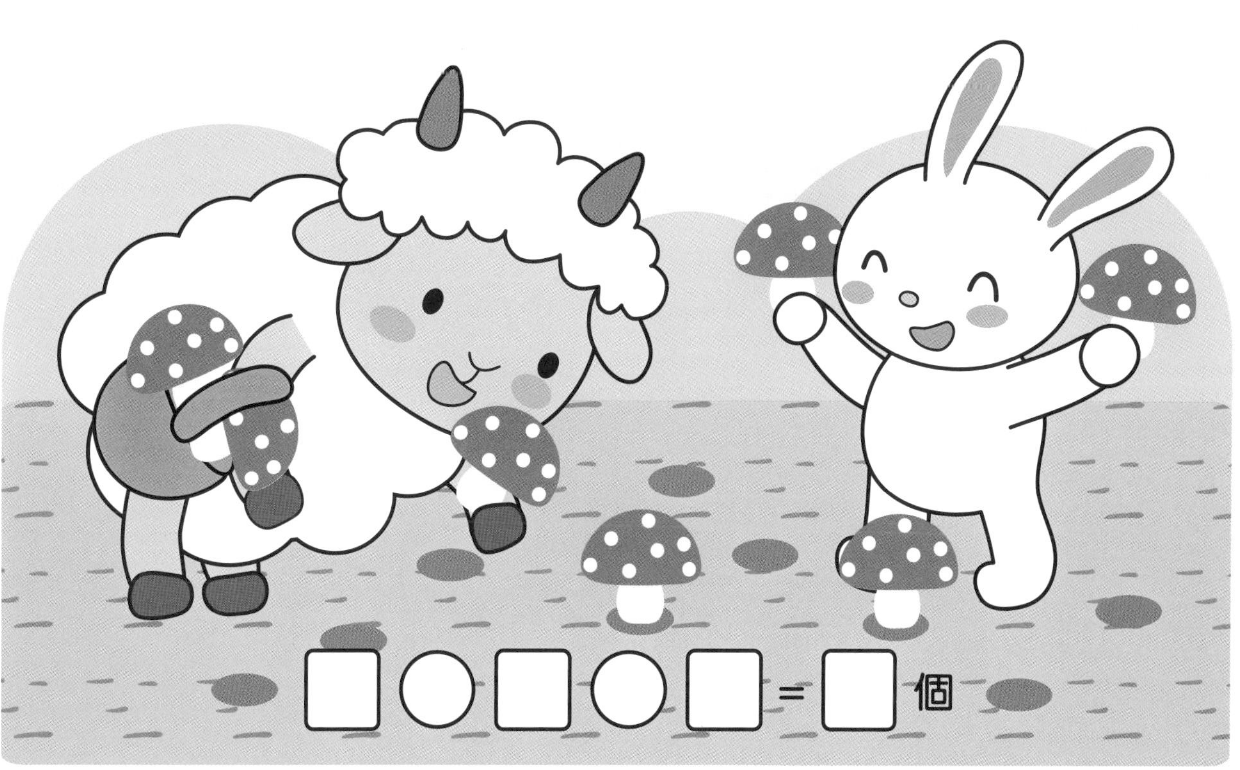

□ ○ □ ○ □ ＝ □ 個

► 請你看圖玩遊戲，在相應的格子裏寫出連減算式。

▶請你看圖玩遊戲，在相應的格子裏寫出連減算式。

▶ **請你看圖玩遊戲，在相應的格子裏寫出連減算式。**

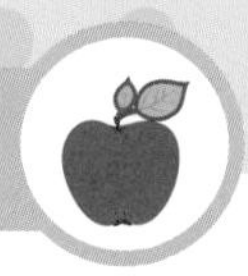

▶ **請你按照下面的要求回答問題，並在相應的格子裏寫出算式。**

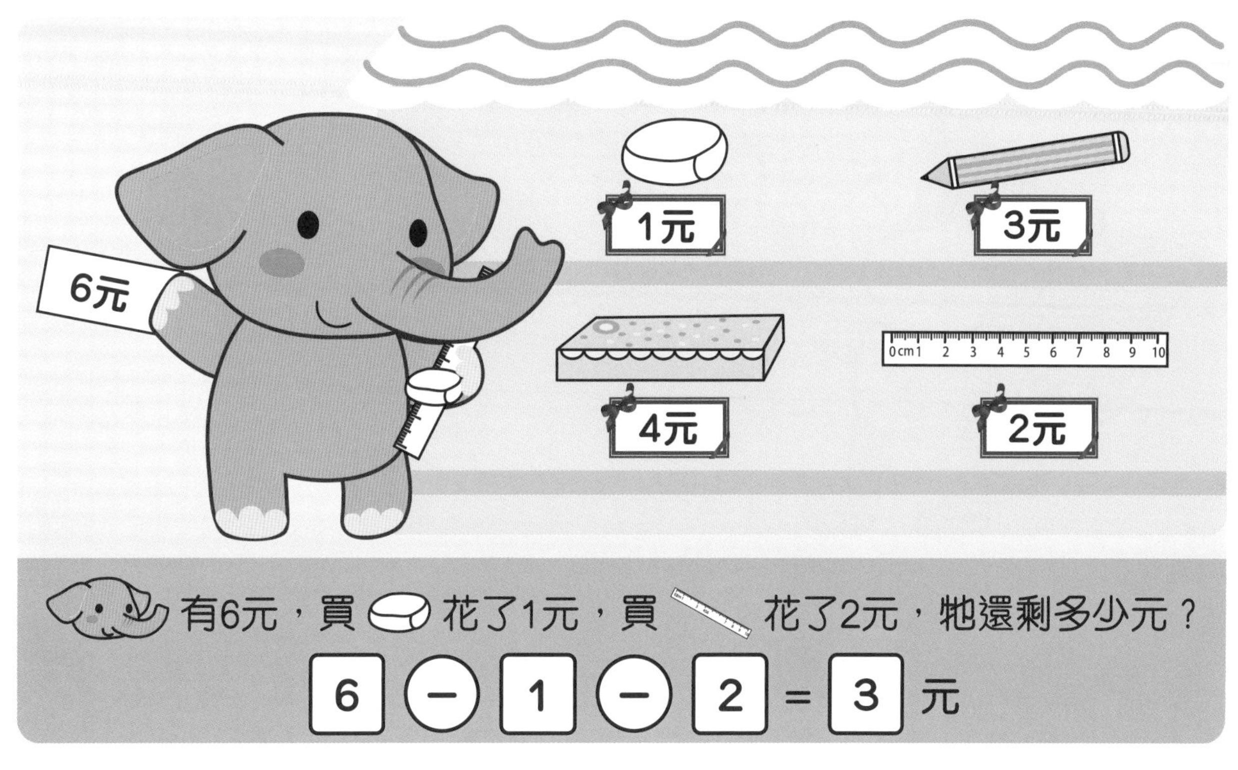

有6元，買　花了1元，買　花了2元，牠還剩多少元？

6 − 1 − 2 = 3 元

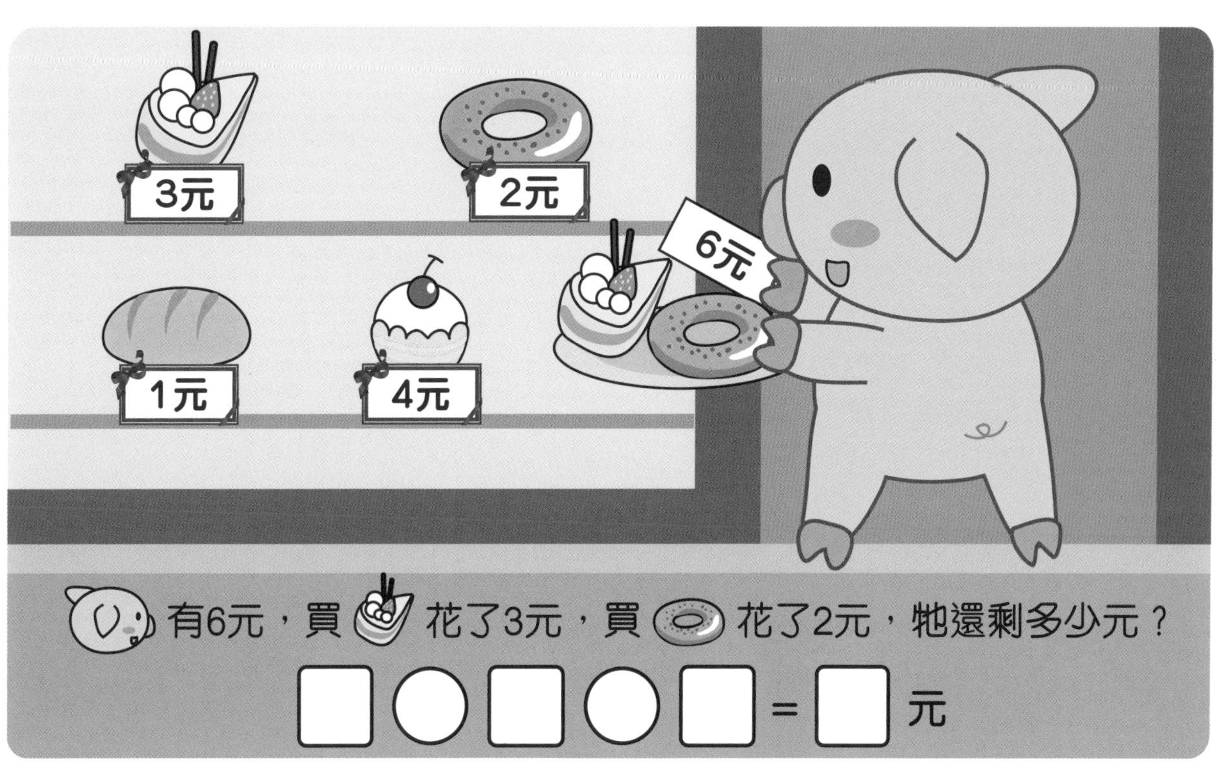

有6元，買　花了3元，買　花了2元，牠還剩多少元？

□ ○ □ ○ □ = □ 元

▶請你按照下面的要求回答問題，並在相應的格子裏寫出算式。

有7元，買（白菜）花了2元，買（紅蘿蔔）花了1元，牠還剩多少元？

□ ○ □ ○ □ = □ 元

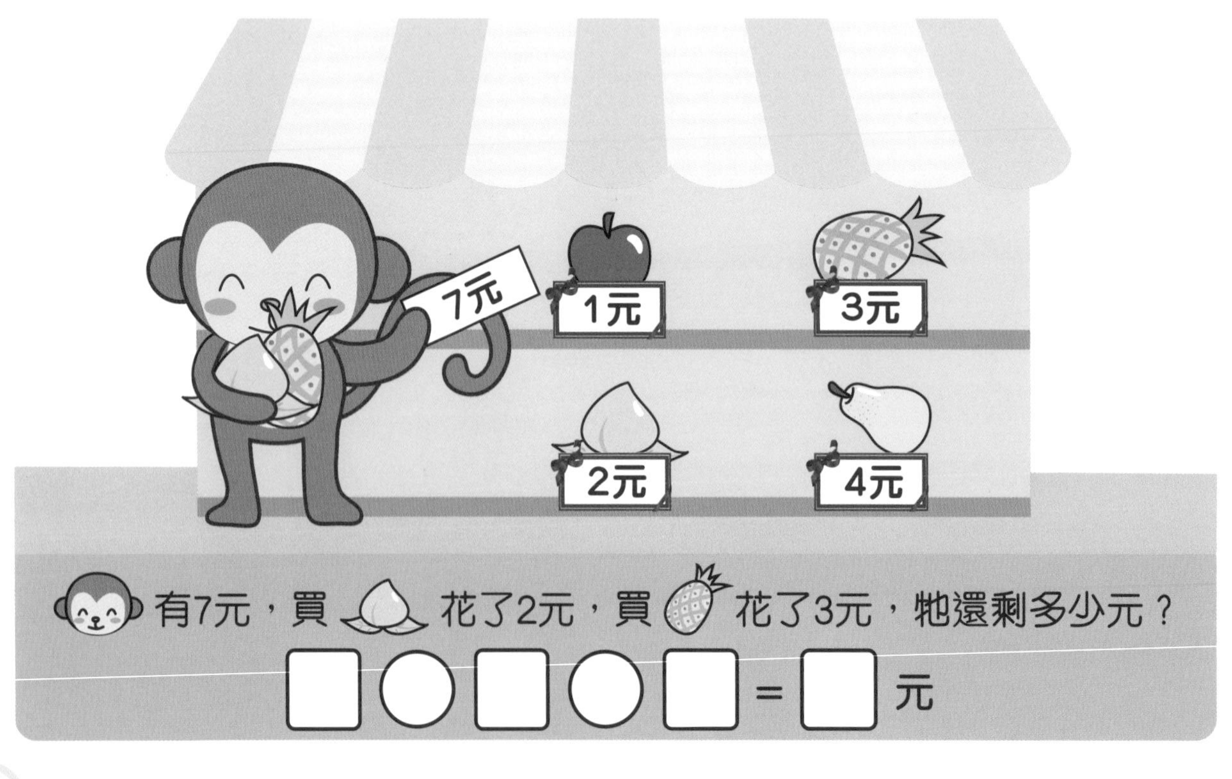

有7元，買（桃子）花了2元，買（菠蘿）花了3元，牠還剩多少元？

□ ○ □ ○ □ = □ 元

請你按照下面的要求回答問題，並在相應的格子裏寫出算式。

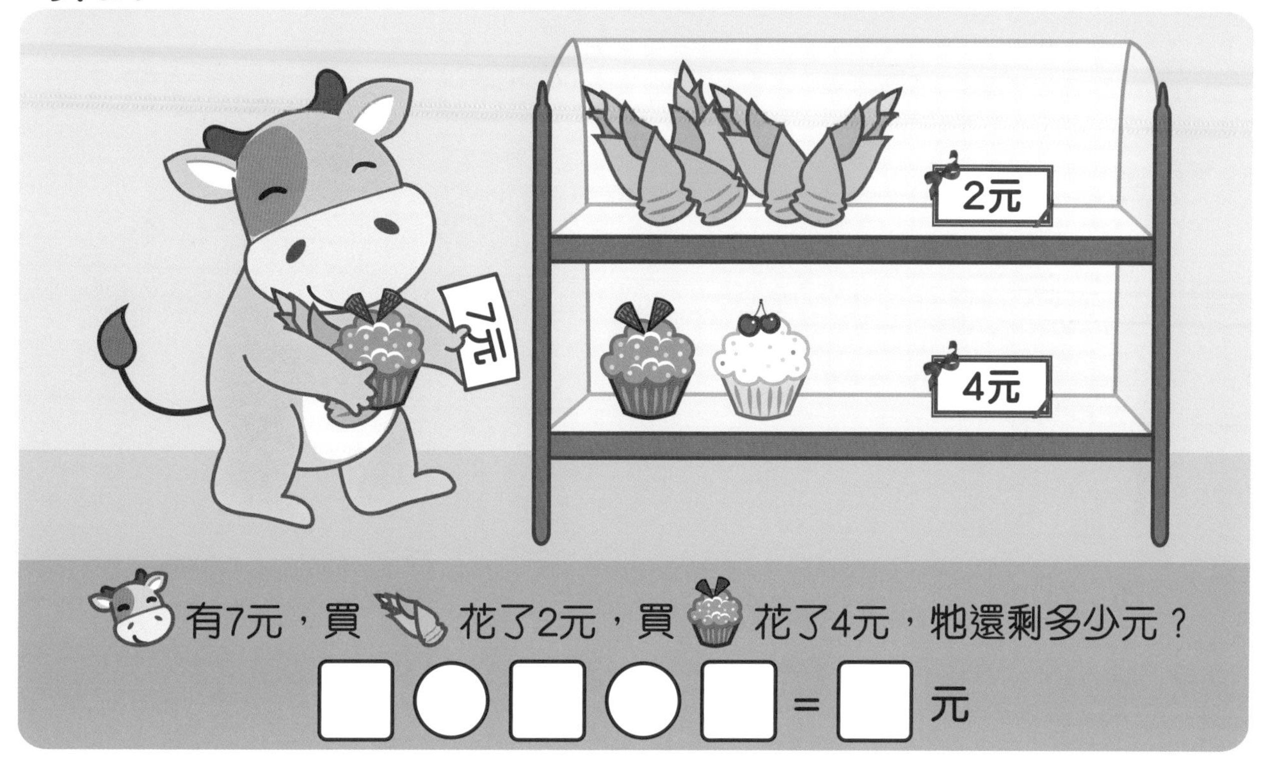

有7元，買 花了2元，買 花了4元，牠還剩多少元？

□ ○ □ ○ □ = □ 元

有7元，買 花了1元，買 花了5元，牠還剩多少元？

□ ○ □ ○ □ = □ 元

看圖學10以內連減運算 練習54

▶請你按照下面的要求回答問題，並在相應的格子裏寫出算式。

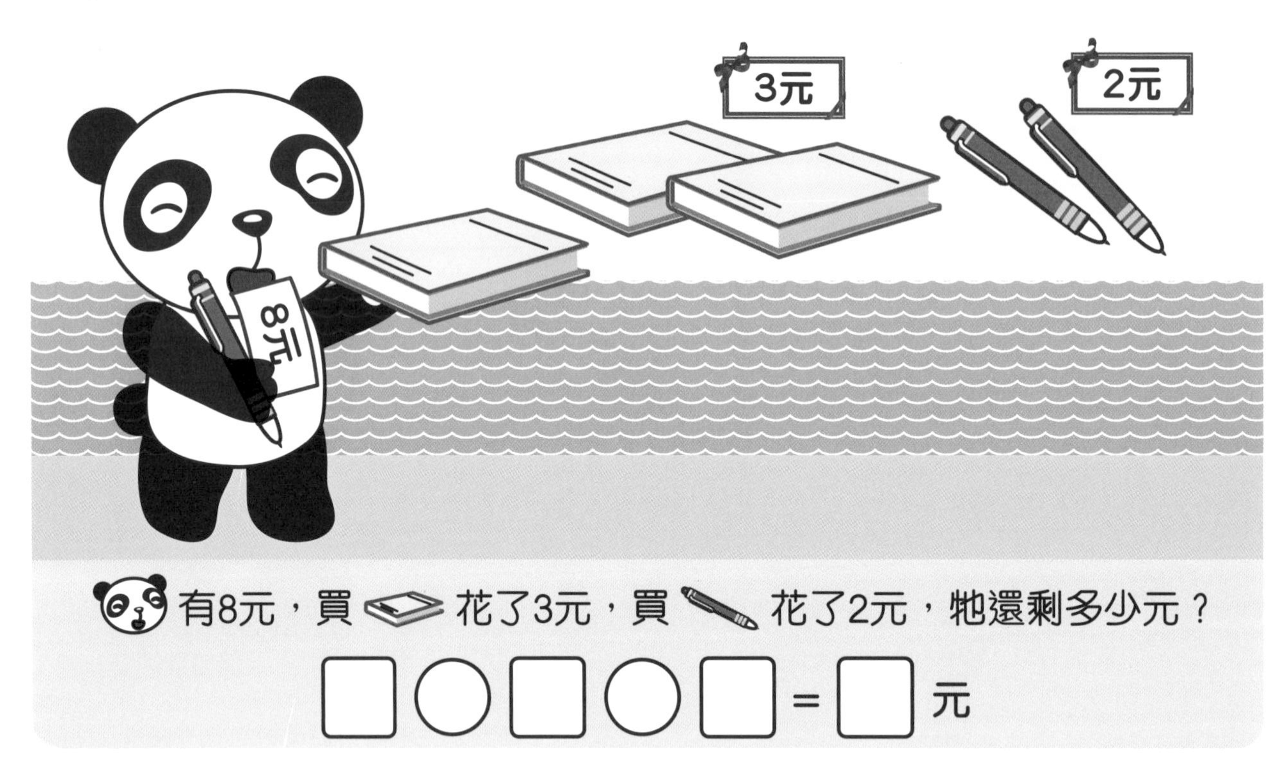

（熊貓）有8元，買（書）花了3元，買（筆）花了2元，牠還剩多少元？

□ ○ □ ○ □ = □ 元

（小貓）有8元，買（氣球）花了2元，買（皮球）花了4元，牠還剩多少元？

□ ○ □ ○ □ = □ 元

▶ **請你按照下面的要求回答問題，並在相應的格子裏寫出算式。**

有8元，買 花了2元，買 花了5元，牠還剩多少元？

□ ○ □ ○ □ = □ 元

有8元，買 花了1元，買 花了4元，牠還剩多少元？

□ ○ □ ○ □ = □ 元

▶請你按照下面的要求回答問題，並在相應的格子裏寫出算式。

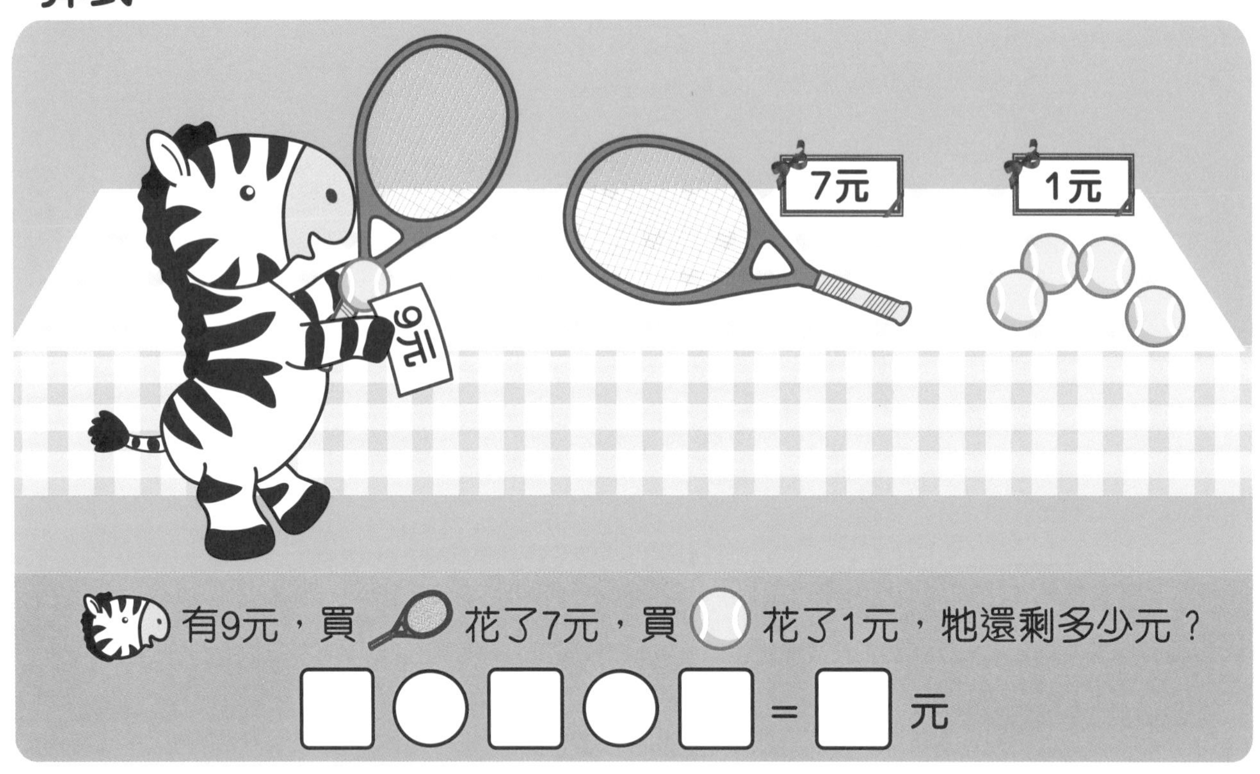

有9元，買 花了7元，買 花了1元，牠還剩多少元？

□○□○□＝□元

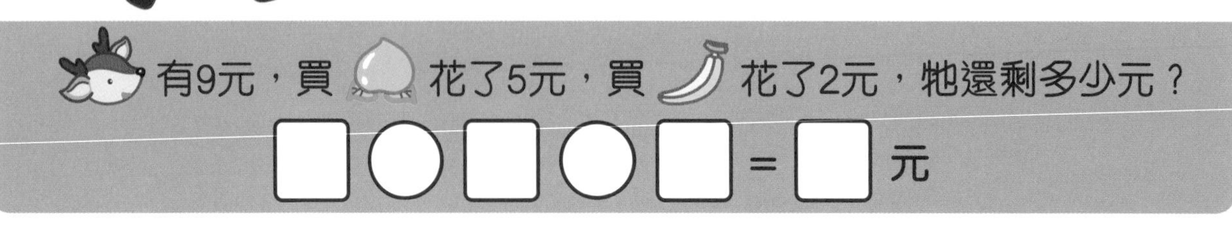

有9元，買 花了5元，買 花了2元，牠還剩多少元？

□○□○□＝□元

▶ **請你按照下面的要求回答問題，並在相應的格子裏寫出算式。**

長頸鹿有9元，買蘋果花了3元，買梨花了4元，牠還剩多少元？

□ ○ □ ○ □ = □ 元

小熊有9元，買桃花了2元，買西瓜花了6元，牠還剩多少元？

□ ○ □ ○ □ = □ 元

► 請你按照下面的要求回答問題，並在相應的格子裏寫出算式。

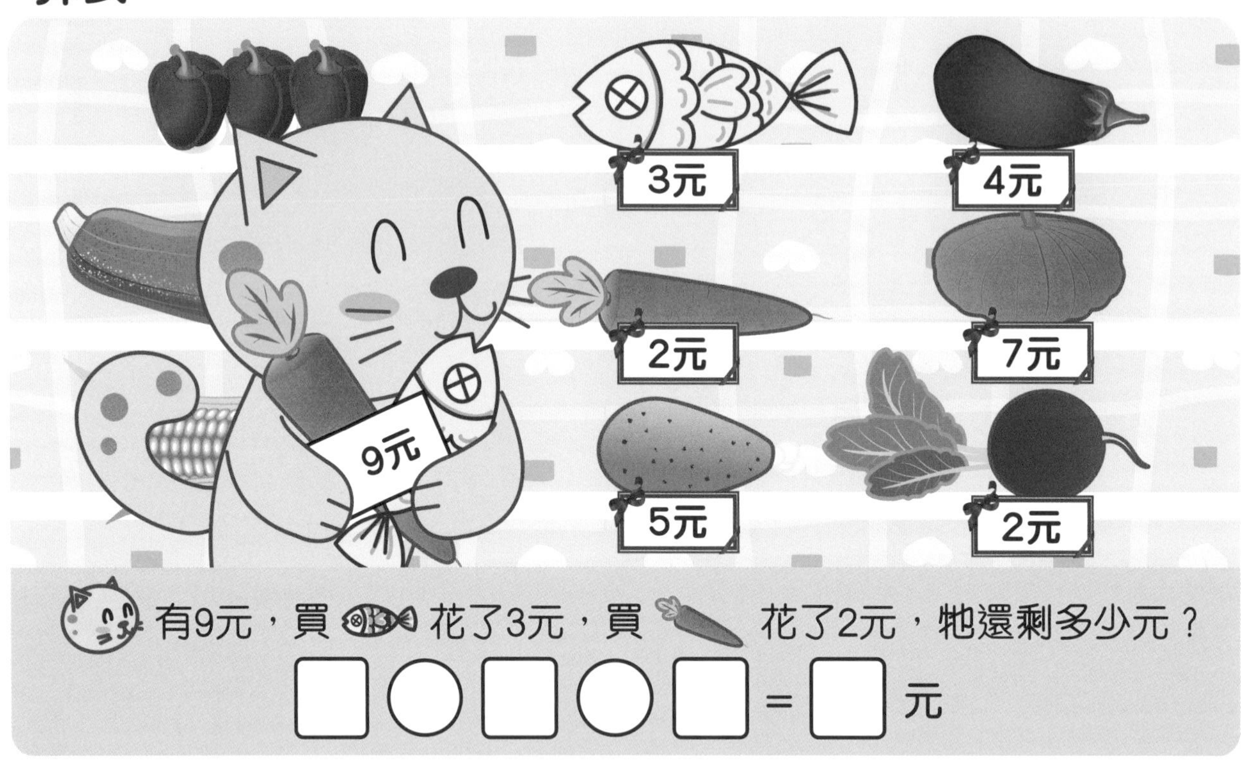

有9元，買 花了3元，買 花了2元，牠還剩多少元？

□ ○ □ ○ □ = □ 元

有9元，買 花了5元，買 花了3元，牠還剩多少元？

□ ○ □ ○ □ = □ 元

▶ **請你按照下面的要求回答問題，並在相應的格子裏寫出算式。**

有10元，買 花了5元，買 花了4元，牠還剩多少元？

□ ○ □ ○ □ = □ 元

有10元，買 花了3元，買 花了4元，牠還剩多少元？

□ ○ □ ○ □ = □ 元

▶請你按照下面的要求回答問題，並在相應的格子裏寫出算式。

有10元，買 花了2元，買 花了3元，牠還剩多少元？

□○□○□＝□元

有10元，買 花了2元，買 花了6元，牠還剩多少元？

□○□○□＝□元

▶ **請你按照下面的要求回答問題，並在相應的格子裏寫出算式。**

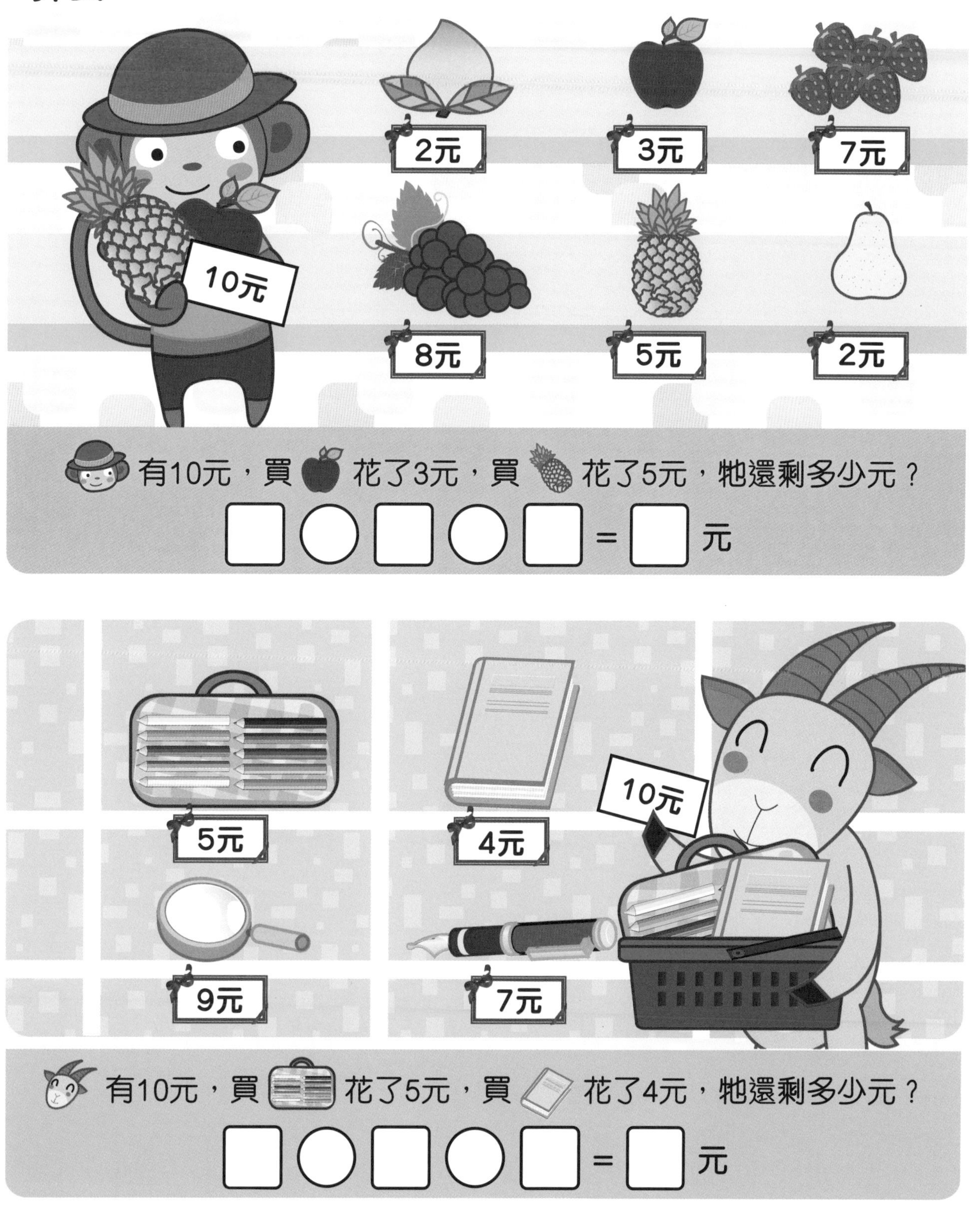

練習62

▶ **請你按照下面的要求回答問題，並在相應的格子裏寫出算式。**

樹上有6隻 ，飛走4隻，又飛來2隻，現在樹上有幾隻 ？

樹上有5隻 ，來了2隻，又走了3隻，現在樹上有幾隻 ？
= 隻
= 隻

練習63 看圖學10以內加減混合運算

請你按照下面的要求回答問題，並在相應的格子裏寫出算式。

草地上有6隻🐰，跑走2隻，又跑來3隻，現在草地上有幾隻🐰？

□○□○□=□隻　□○□○□=□隻

河岸上有4隻🐢，爬來2隻，又爬走4隻，現在河岸上有幾隻🐢？

□○□○□=□隻　□○□○□=□隻

▶ **請你按照下面的要求回答問題，並在相應的格子裏寫出算式。**

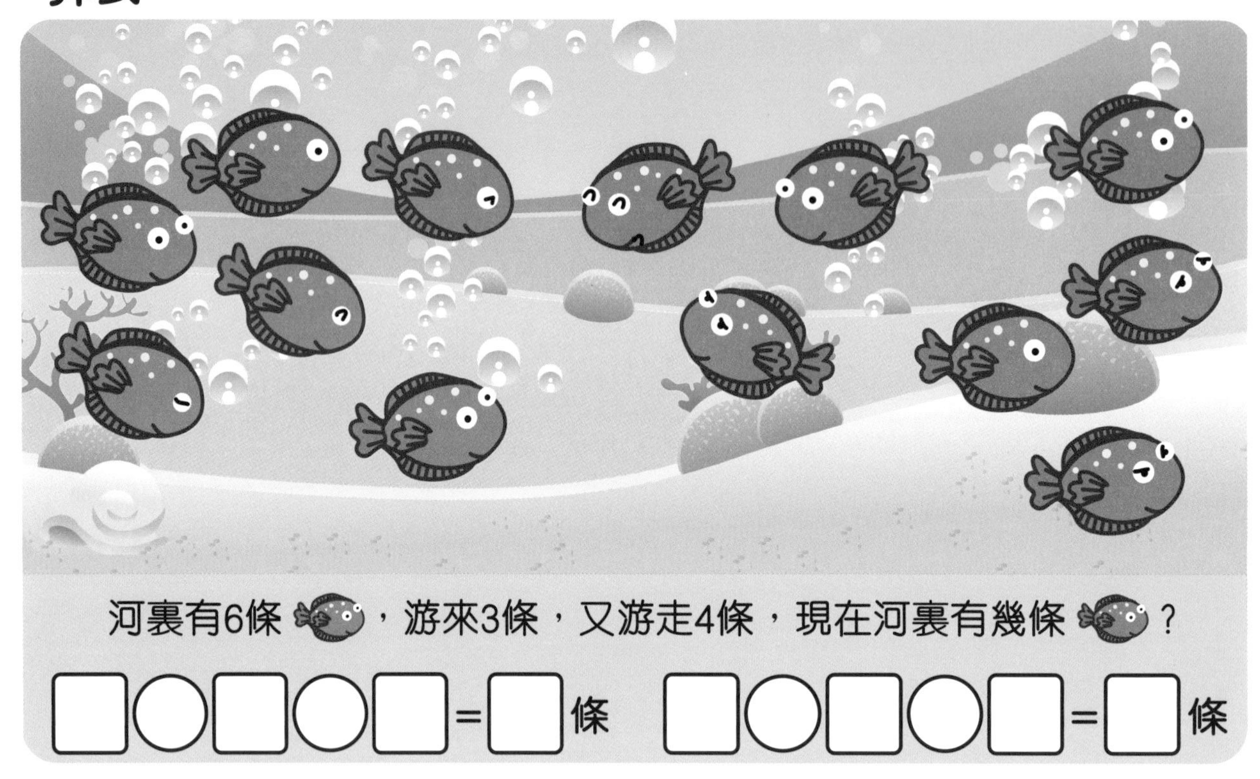

河裏有6條，游來3條，又游走4條，現在河裏有幾條？

□○□○□=□條　□○□○□=□條

河裏有5隻，游走4隻，又游來2隻，現在河裏有幾隻？

□○□○□=□隻　□○□○□=□隻

▶ **請你按照下面的要求回答問題，並在相應的格子裏寫出算式。**

桃花上有6隻 ，飛走3隻，又飛來3隻，現在桃花上有幾隻 ？

□○□○□=□隻　□○□○□=□隻

草地上有5隻 ，跑走2隻，又跑來2隻，現在草地上有幾隻 ？

□○□○□=□隻　□○□○□=□隻

▶ **請你按照下面的要求回答問題，並在相應的格子裏寫出算式。**

（貓）有4條（魚），又釣到2條，送給（豬）3條，還有幾條（魚）？

□○□○□=□條　□○□○□=□條

（熊）有7個（蛋糕），吃了1個，（熊）又拿來2個，現在有幾個（蛋糕）？

□○□○□=□個　□○□○□=□個

▶ 請你按照下面的要求回答問題，並在相應的格子裏寫出算式。

（兔子）有7朵（花），又採了2朵，送給（小狗）4朵，現在（兔子）有幾朵（花）？

□○□○□=□朵　□○□○□=□朵

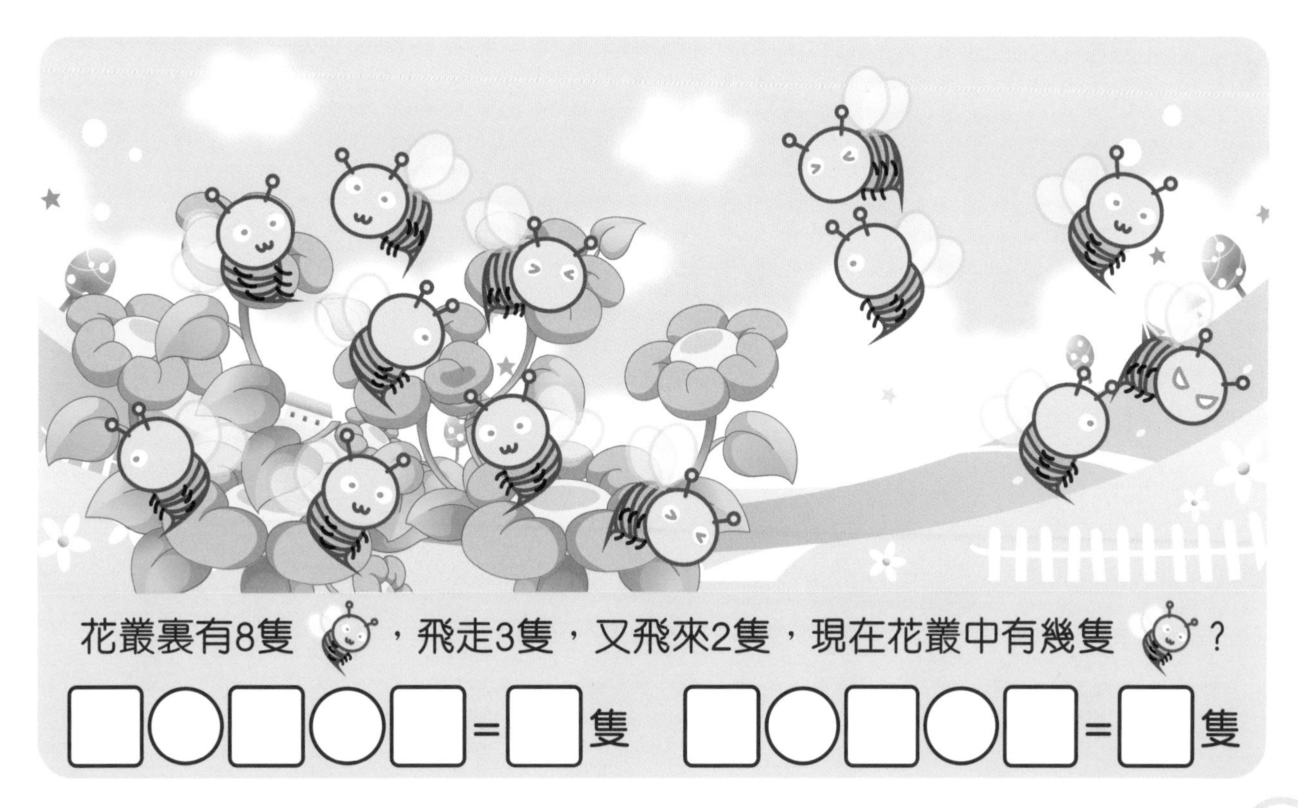

花叢裏有8隻（蜜蜂），飛走3隻，又飛來2隻，現在花叢中有幾隻（蜜蜂）？

□○□○□=□隻　□○□○□=□隻

看圖學10以內加減混合運算 練習68

▶請你按照下面的要求回答問題，並在相應的格子裏寫出算式。

欄柵裏有8隻🐷，跑了6隻，又跑回來4隻，欄柵裏還有幾隻🐷？

□○□○□=□隻　□○□○□=□隻

草地上有8隻🐔，跑來2隻，又跑走3隻，現在草地上有幾隻🐔？

□○□○□=□隻　□○□○□=□隻

▶ **請你按照下面的要求回答問題，並在相應的格子裏寫出算式。**

有6個，壞了2個，又送給牠3個，還有幾個？

□○□○□=□個　□○□○□=□個

有7個，送給 2個，又送給牠3個，還有幾個？

□○□○□=□個　□○□○□=□個

► 請你按照下面的要求回答問題，並在相應的格子裏寫出算式。

有3個，送給2個，又給牠買了4個，還有幾個？
=個
=個
有7個，吃了2個，又送給牠3個，還有幾個？
=個
=個

▶請你按照下面的要求回答問題，並在正確的算式相應的格子裏加「✓」。

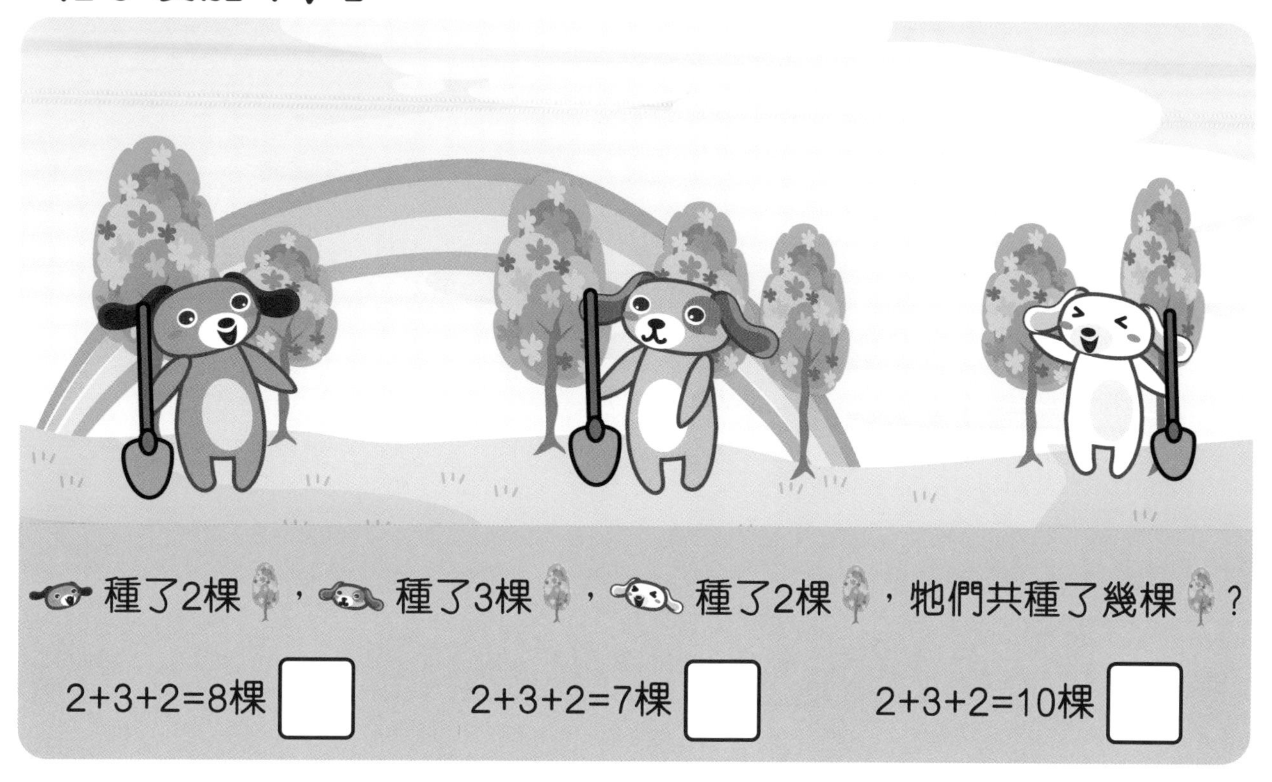

種了2棵，種了3棵，種了2棵，牠們共種了幾棵？

2+3+2=8棵 ☐　　2+3+2=7棵 ☐　　2+3+2=10棵 ☐

有3個，有4個，有2個，牠們共有幾個水果？

3+4+2=10個 ☐　　3+4+2=6個 ☐　　3+4+2=9個 ☐

► 請你按照下面的要求回答問題，並在正確的算式相應的格子裏加「✓」。

我吃了5條
害蟲！
我吃了3條
害蟲！
我吃了2條
害蟲！

牠們一共吃了多少條害蟲？

5+3+2=8條 ☐　　5+3+2=10條 ☐　　5+3+2=9條 ☐

（豬）有10枝（鉛筆），送給（兔）3枝，送給（貓）2枝，（豬）還有多少枝（鉛筆）？

10－3－2=5枝 ☐　　10－3－2=6枝 ☐　　10－3－2=8枝 ☐

▶請你按照下面的要求回答問題，並在正確的算式相應的格子裏加「✓」。

有10個，送給 3個，送給 2個，還有多少個？

5+2+3=10個 ☐ 10－2－3=5個 ☐ 5－3－2=6個 ☐

有2條，有3條，有5條，牠們共有幾條？

2+3+5=10條 ☐ 2+5－3=10條 ☐ 5－3－2=10條 ☐

▶ **請你按照下面的要求回答問題，並在正確的算式相應的格子裏加「✓」。**

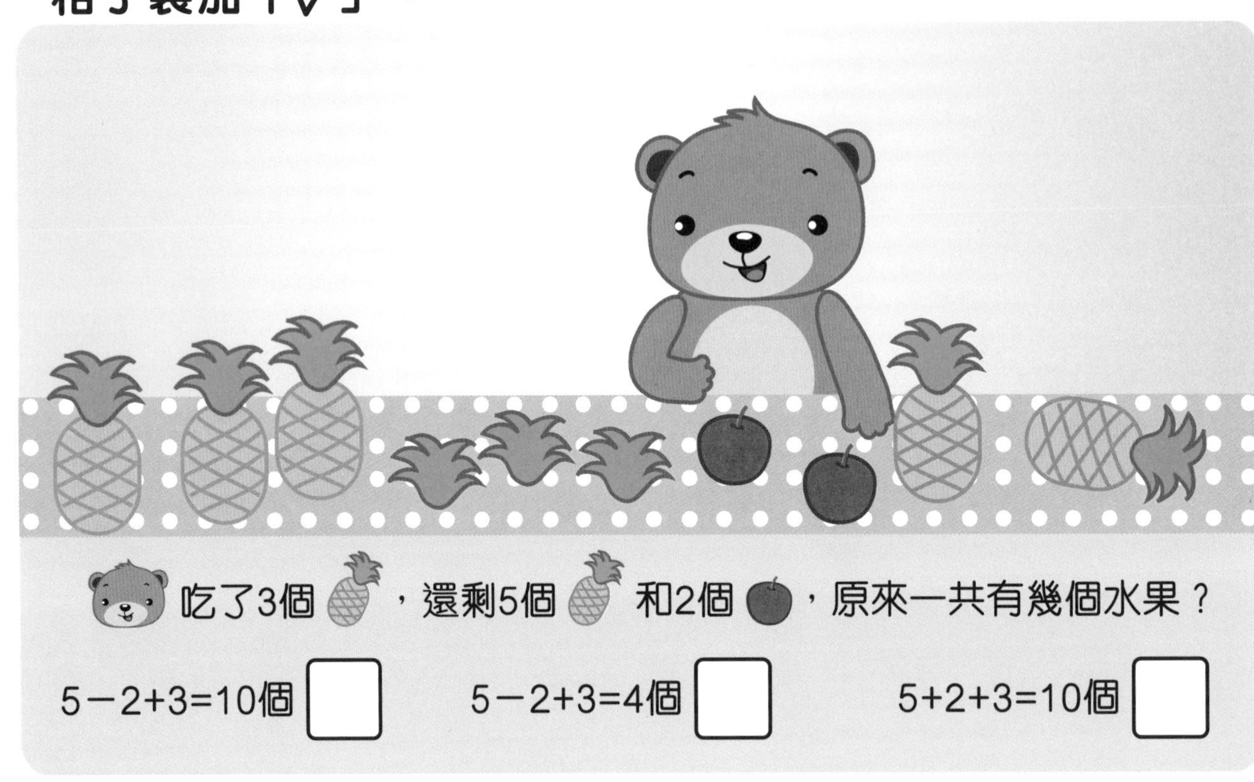

吃了3個 ，還剩5個 和2個 ，原來一共有幾個水果？

5－2+3=10個 □　　5－2+3=4個 □　　5+2+3=10個 □

吃了2個 ，還剩4個 和4個 ，原來一共有幾個蔬果？

2+2+4=10個 □　　4+2+4=10個 □　　2+4－4=10個 □

▶ **請你按照下面的要求回答問題，並在正確的算式相應的格子裏加「✓」。**

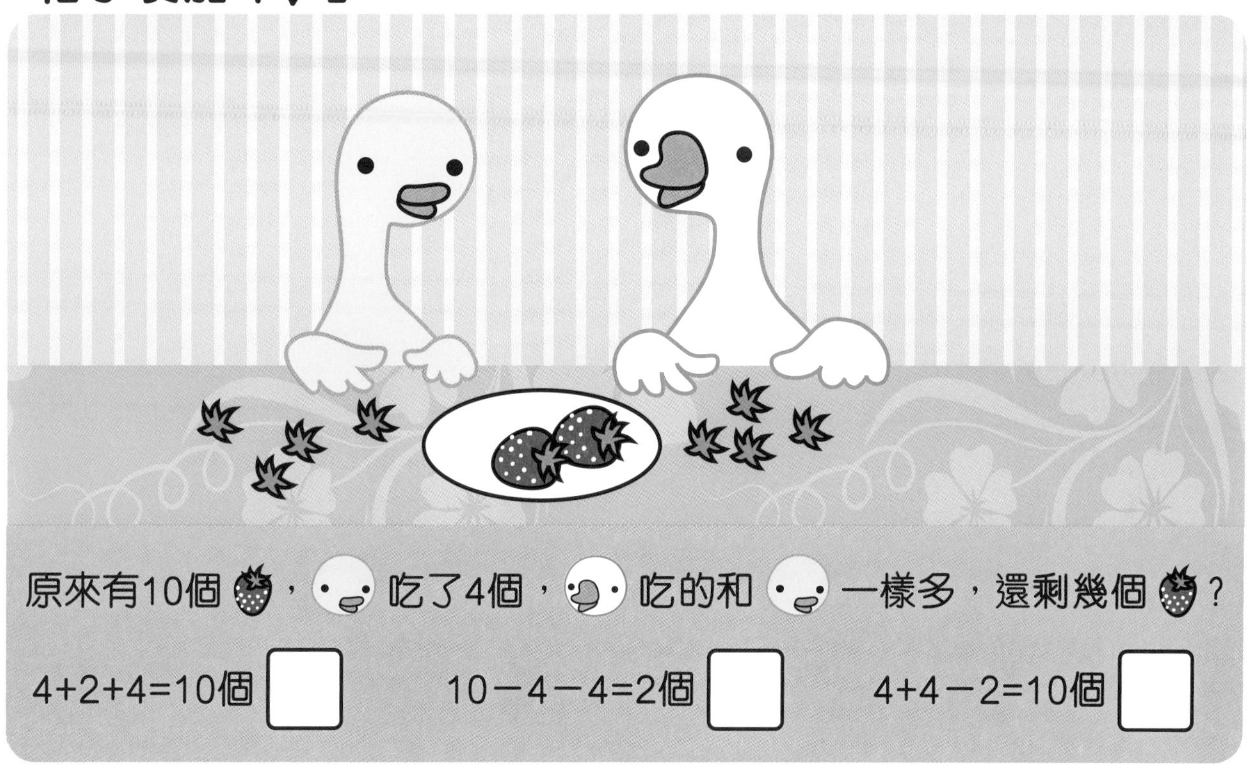

原來有10個🍓，🦆吃了4個，🦆吃的和🦆一樣多，還剩幾個🍓？

4+2+4=10個 ☐ 10－4－4=2個 ☐ 4+4－2=10個 ☐

原來有10棵🥬，🐴吃了5棵🥬，🐮吃的和🐴一樣多，還剩幾棵🥬？

10－5－5=0棵 ☐ 10－0－5=5棵 ☐ 5+5+0=10棵 ☐

看圖學10以內加減混合運算 練習76

▶ **請你按照下面的要求回答問題，並在正確的算式相應的格子裏加「✓」。**

從右往左數，小狗排在第7個，從左往右數，小狗排在第3個，這隊一共有多少隻動物？

7+3=10隻 ☐　　7+3−1=9隻 ☐　　7−3+1=9隻 ☐

熊貓前面有2隻小動物，後面有7隻小動物，這隊一共有幾隻小動物？

7+2+1=10隻 ☐　　2+7=9隻 ☐　　7+2−1=9隻 ☐

答案

練習1
第2題：2 + 3 + 1 = 6個

練習2
第1題：1 + 2 + 3 = 6條
第2題：4 + 3 + 2 = 9隻

練習3
第1題：2 + 2 + 4 = 8個
第2題：4 + 2 + 3 = 9個

練習4
第1題：1 + 2 + 4 = 7隻
第2題：2 + 4 + 2 = 8條

練習5
第1題：2 + 1 + 4 = 7個
第2題：4 + 1 + 3 = 8個

練習6
第1題：1 + 3 + 4 = 8隻
第2題：1 + 4 + 2 = 7隻

練習7
第1題：1 + 2 + 5 = 8條
第2題：1 + 2 + 5 = 8個

練習8
第1題：1 + 3 + 5 = 9個
第2題：1 + 3 + 5 = 9個

練習9
第1題：5 + 3 + 2 = 10隻
第2題：2 + 6 + 2 = 10隻

練習10
第1題：1 + 2 + 6 = 9棵
第2題：6 + 2 + 1 = 9個

練習11
第1題：3 + 1 + 6 = 10個
第2題：1 + 3 + 6 = 10個

練習12
第1題：3 + 4 + 2 = 9個
第2題：2 + 2 + 2 = 6個

練習13
第1題：3 + 3 + 3 = 9個
第2題：3 + 2 + 2 = 7條

練習14
方法二 2 + 3 + 1 = 6隻
方法三 3 + 1 + 2 = 6隻

練習15
方法一 1 + 3 + 4 = 8隻
方法二 3 + 4 + 1 = 8隻
方法三 4 + 1 + 3 = 8隻

練習16
方法一 1 + 2 + 4 = 7隻
方法二 2 + 4 + 1 = 7隻
方法三 4 + 1 + 2 = 7隻

練習17
方法一 1 + 3 + 5 = 9隻
方法二 3 + 5 + 1 = 9隻
方法三 5 + 1 + 3 = 9隻

練習18
方法一 2 + 3 + 4 = 9隻
方法二 3 + 4 + 2 = 9隻
方法三 4 + 2 + 3 = 9隻

練習19
方法一 2 + 3 + 5 = 10隻
方法二 3 + 5 + 2 = 10隻
方法三 5 + 2 + 3 = 10隻

練習20

方法一 1 + 2 + 6 = 9隻
方法二 2 + 6 + 1 = 9隻
方法三 6 + 1 + 2 = 9隻

練習21

方法一 1 + 3 + 6 = 10隻
方法二 3 + 6 + 1 = 10隻
方法三 6 + 1 + 3 = 10隻

練習22

方法一 1 + 3 + 6 =10隻
方法二 3 + 6 + 1 = 10隻
方法三 6 + 1 + 3 = 10隻

練習23

方法一 1 + 4 + 5 = 10隻
方法二 4 + 5 + 1 = 10隻
方法三 5 + 1 + 4 = 10隻

練習24

方法一 2 + 2 + 5 = 9隻
方法二 2 + 5 + 2 = 9隻
方法三 5 + 2 + 2 = 9隻

練習25

方法一 1 + 3 + 4 = 8隻
方法二 3 + 4 + 1 = 8隻
方法三 4 + 1 + 3 = 8隻

練習26

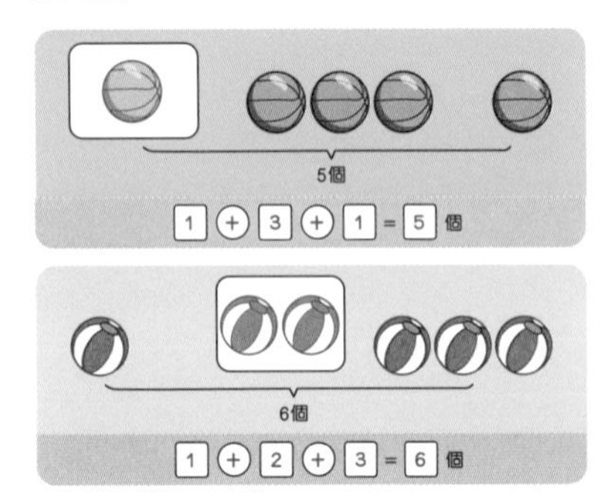

練習27

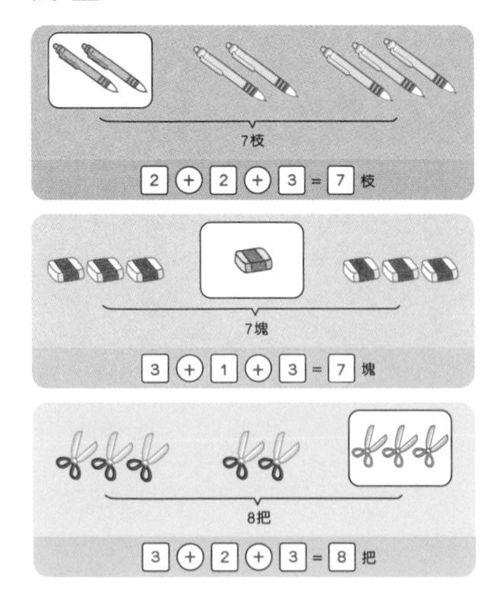

練習28

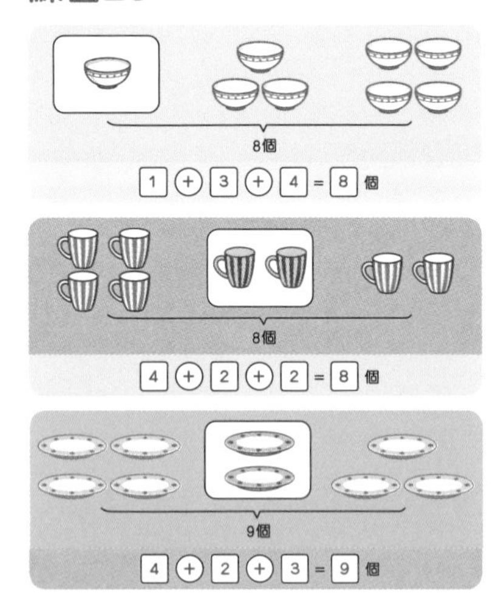

練習29

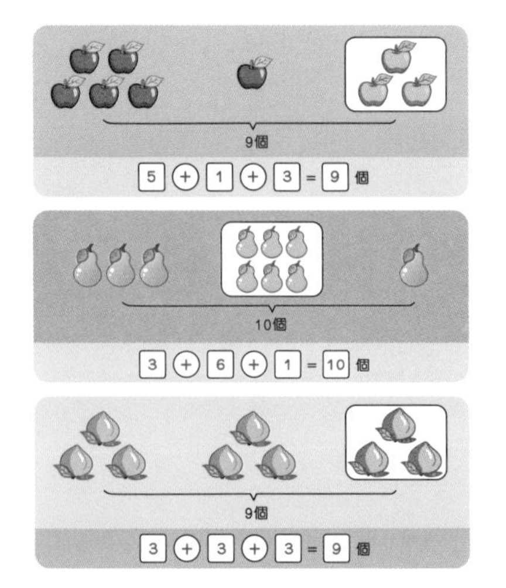

練習30

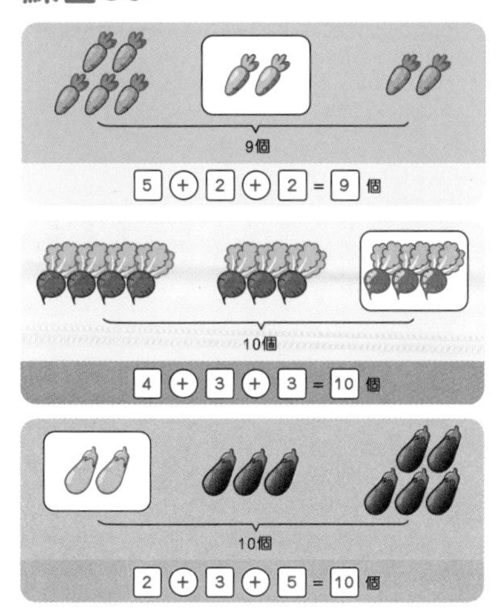

練習31

練習32

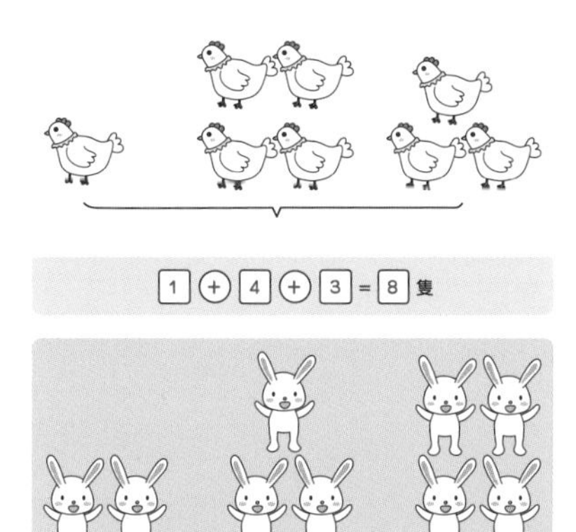

練習33

練習34

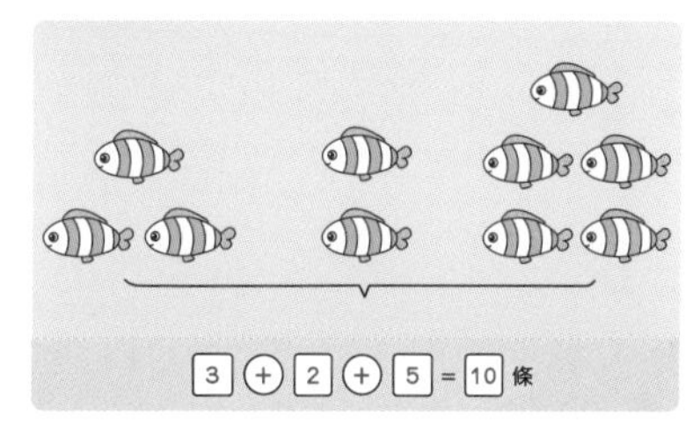

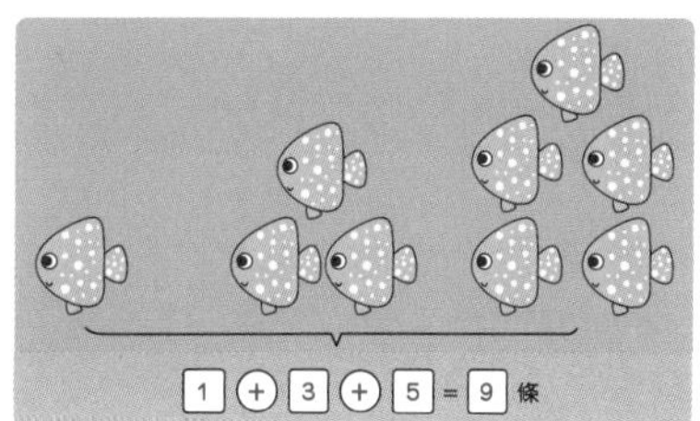

練習35

第1題：1 + 4 + 2 = 7元
第2題：3 + 5 + 1 = 9 元
第3題：6 + 1 + 2 = 9 元

練習36

第1題：6 + 1 + 3 = 10元
第2題：5 + 3 + 2 = 10元
第3題：2 + 3 + 4 = 9元

練習37
第2題：6 - 2 - 2 = 2塊

練習38
第1題：5 - 1 - 2 = 2個
第2題：5 - 1 - 2 = 2件

練習39
第1題：6 - 3 - 1 = 2個
第2題：6 - 2 - 3 = 1個

練習40
第1題：7 - 1 - 2 = 4杯
第2題：7 - 1 - 1 = 5顆

練習41
第1題：7 - 3 - 2 = 2條
第2題：6 - 2 - 1 = 3個

練習42
第1題：7 - 3 - 2 = 2個
第2題：7 - 3 - 3 = 1個

練習43
第1題：8 - 2 - 1 = 5隻
第2題：8 - 1 - 1 = 6艘

練習44
第1題：8 - 2 - 2 = 4棵
第2題：8 - 3 - 3 = 2個

練習45
第1題：8 - 2 - 4 = 2個
第2題：9 - 3 - 1 = 5個

練習46
9 - 3 - 3 = 3條

練習47
第1題：9 - 3 - 4 = 2隻
第2題：7 - 3 - 2 = 2個

練習48
10 - 2 - 4 = 4隻

練習49
10 - 5 - 2 = 3個

練習50
第1題：10 - 3 - 2 = 5顆
第2題：9 - 2 - 5 = 2個

練習51
第2題：6 - 3 - 2 = 1元

練習52
第1題：7 - 2 - 1 = 4元
第2題：7 - 2 - 3 = 2元

練習53
第1題：7 - 2 - 4 = 1元
第2題：7 - 1 - 5 = 1元

練習54
第1題：8 - 3 - 2 = 3元
第2題：8 - 2 - 4 = 2元

練習55
第1題：8 - 2 - 5 = 1元
第2題：8 - 1 - 4 = 3元

練習56
第1題：9 - 7 - 1 = 1元
第2題：9 - 5 - 2 = 2元

練習57
第1題：9 - 3 - 4 = 2元
第2題：9 - 2 - 6 = 1元

練習58
第1題：9 - 3 - 2 = 4元
第2題：9 - 5 - 3 = 1元

練習59
第1題：10 - 5 - 4 = 1元
第2題：10 - 3 - 4 = 3元

練習60
第1題：10 - 2 - 3 = 5元
第2題：10 - 2 - 6 = 2元

練習61
第1題：10 - 3 - 5 = 2元
第2題：10 - 5 - 4 = 1元

練習62
第2題：
5 + 2 - 3 = 4隻
5 - 3 + 2 = 4隻

練習63
第1題：
6 - 2 + 3 = 7隻
6 + 3 - 2 = 7隻
第2題：
4 + 2 - 4 = 2隻
4 - 4 + 2 = 2隻

練習64
第1題：
6 + 3 - 4 = 5條
6 - 4 + 3 = 5條
第2題：
5 - 4 + 2 = 3隻
5 + 2 - 4 = 3隻

練習65
第1題：
6 - 3 + 3 = 6隻
6 + 3 - 3 = 6隻
第2題：
5 - 2 + 2 = 5隻
5 + 2 - 2 = 5隻

練習66
第1題：
4 + 2 - 3 = 3條
4 - 3 + 2 = 3條
第2題：
7 - 1 + 2 = 8個
7 + 2 - 1 = 8個

練習67
第1題：
7 + 2 - 4 = 5朵
7 - 4 + 2 = 5朵
第2題：
8 - 3 + 2 = 7隻
8 + 2 - 3 = 7隻

練習68
第1題：
8 - 6 + 4 = 6隻
8 + 4 - 6 = 6隻
第2題：
8 + 2 - 3 = 7隻
8 - 3 + 2 = 7隻

練習69
第1題：
6 - 2 + 3 = 7個
6 + 3 - 2 = 7個
第2題：
7 - 2 + 3 = 8個
7 + 3 - 2 = 8個

練習70

第1題：

3 - 2 + 4 = 5個

3 + 4 - 2 = 5個

第2題：

7 - 2 + 3 = 8個

7 + 3 - 2 = 8個

練習71

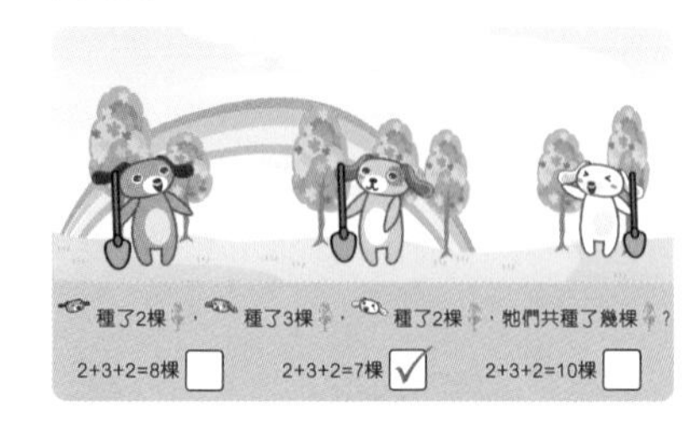

練習72

練習73

練習74

練習75

練習76

從右往左數，小狗排在第7個，從左往右數，小狗排在第3個，這隊一共有多少隻動物？
7+3=10隻 ☐
7+3−1=9隻 ☑
7−3+1=9隻 ☐
熊貓前面有2隻小動物，後面有7隻小動物，這隊一共有幾隻小動物?
7+2+1=10隻 ☑
2+7=9隻 ☐
7+2−1=9隻 ☐

幼稚園數學看圖學加減法②

作　　者：何秋光
責任編輯：黃偲雅
美術設計：郭中文、徐嘉裕
出　　版：新雅文化事業有限公司
香港英皇道 499 號北角工業大廈 18 樓
電話：(852) 2138 7998
傳真：(852) 2597 4003
網址：http://www.sunya.com.hk
電郵：marketing@sunya.com.hk
發　　行：香港聯合書刊物流有限公司
香港荃灣德士古道220-248號荃灣工業中心16樓
電話：(852) 2150 2100
傳真：(852) 2407 3062
電郵：info@suplogistics.com.hk
印　　刷：中華商務彩色印刷有限公司
香港新界大埔汀麗路36號
版　　次：二〇二四年七月初版

原書名：《何秋光思維訓練・學前數學準備系列：看圖學加減法遊戲②》
何秋光 著

ISBN：978-962-08-8431-3

18/F, North Point Industrial Building, 499 King's Road, Hong Kong
Published in Hong Kong SAR, China
Printed in China